大数据导论

通识课版

张玉宏◎编著

清华大学出版社
北京

内 容 简 介

大数据已深深渗透于人们工作和生活的方方面面。然而，大数据从来都不是以"技术"为其唯一底色，基于数据科学的创新应用，同样需要其他领域深度融合。本书阐述了培养具有大数据素养的综合型人才所需要的相关知识储备。本书不仅介绍大数据处理流程中的技术图谱，而且更侧重地讨论了与数据科学相关的历史、哲学及伦理学，以便于读者拓展跨领域的数据思维。为了增强图书的可读性，图书描述形式力图新颖，内容深入浅出、文笔流畅、图文并茂，大幅降低非计算机类相关专业读者的学习曲线。

作为通识类课程教材，本书服务于具有数据素养的综合型人才的培养。因此，本书的读者对象是具有文科或理工科背景且对大数据行业感兴趣的读者。

图书在版编目(CIP)数据

大数据导论：通识课版/张玉宏编著. —北京：清华大学出版社，2021.6(2023.1重印)
ISBN 978-7-302-58111-6

Ⅰ.①大… Ⅱ.①张… Ⅲ.①数据处理－教材 Ⅳ.①TP274

中国版本图书馆 CIP 数据核字(2021)第 084588 号

责任编辑：白立军
封面设计：杨玉兰
责任校对：徐俊伟
责任印制：宋 林

出版发行：清华大学出版社
   网   址：http://www.tup.com.cn, http://www.wqbook.com
   地   址：北京清华大学学研大厦 A 座   邮 编：100084
   社 总 机：010-83470000   邮 购：010-62786544
   投稿与读者服务：010-62776969，c-service@tup.tsinghua.edu.cn
   质量反馈：010-62772015，zhiliang@tup.tsinghua.edu.cn
   课件下载：http://www.tup.com.cn, 010-83470236
印 装 者：三河市铭诚印务有限公司
经 销：全国新华书店
开 本：210mm×235mm   印 张：13.25   字 数：306 千字
版 次：2021 年 8 月第 1 版   印 次：2023 年 1 月第 3 次印刷
定 价：39.80 元

产品编号：090266-01

大数据时代,通才的你,
需要一本新通识读本

涂子沛先生在其著作《数商》中提到①,人类文明正在发生一场大跃迁,从以文字为中心转变到以数据为中心,进入"数文明"时代。要在新时代的竞争中胜出,需要新的思维、技能和工具。

关于大数据,经过多年的宣传和浸染,人们或许不再陌生了。或许你会问,使用大数据是 IT(Information Technology,信息技术)公司或理工科专业人士做的事,我自己不从事 IT 行业,怎么会使用到大数据呢?

事实上,大数据与我们休戚相关。在日常生活中,我们都不知不觉地使用了大数据,并且也在或主动或被动中为那些给我们提供服务的各种应用程序(Application,App)提供数据。

比如说,如果使用搜索引擎(百度或谷歌等),实际上是在和大数据打交道。当我们"免费"使用百度时,如同"雁过留声",我们会留下很多网络数字印迹,这些印迹会以日志的形式在后台保留下来,而这些日志(数据)就是我们"免费"使用大数据而为大数提供商提供的"补偿"。天下没有免费的午餐!

再比如爱美人士可能会用美图秀秀一键修个漂亮的脸庞。然而细细思量之后,你会发现这背后并不简单。这个软件的审"美"标准并不是无中生有的,而是将用户的脸往所谓的"标准的脸"上靠(即大众审美的观感),而"标准的脸"又是从哪里来的呢? 很简单!它是我们每个人脸的平均值,这就是大数据归纳的结果。那么,这些脸部大数据又是从哪里来呢? 就是千千万万的我们所"奉献"的。可以想象,如果美图秀秀能"穿越"到盛世唐朝,各路网络直播达人定以"胖"为美。

---

① 涂子沛. 数商[M]. 北京:中信出版社,2020.

类似地,很多智能手机都提供了很多人脸识别功能,而它们也是建立在大数据基础之上的。上面的案例说明,处于大数据时代,我们每个人能"躬身入局",既是大数据的消费者,又是大数据的生产者,身在其中,逃无可逃。

既然如此,这个"如影相随"的大数据时代,我们该如何更好地生存呢? 不论我们所学何种专业,从事何种职业,当然都需要更好地了解大数据的本质、方法论和底层运作的逻辑。

这个世界充满了不确定性,它主要来自于两方面:一是影响世界的变量太多,以至于无法用精确的数学模型来描述;二是来自客观世界本身,不确定性是人们所在宇宙的特性。人是天生需要安全感的物种,而安全感的获得,主要来自不确定性的消除。

吴军博士认为[①],大数据是解决不确定性的良药。我们要用不确定的眼光看待世界,再用(来自大数据的)信息来消除这种不确定性,这是大数据的本质和使命所在。

目前,"大数据"是个非常流行的概念。相关的学术著作自然也是汗牛充栋,开设数据科学与大数据专业的高校也如雨后春笋般地涌现。因此,为读者介绍大数据宏观知识的读本——《大数据导论》也纷纷面市。

那为什么我还要再写这么一本《大数据导论》(通识课版)呢? 原因有如下两方面。

(1)"温故而知新"是知识普及与传承的重要手段。历史学家陈寅恪先生授课时有著名的"三不讲":书上讲过的不讲,别人讲过的不讲,自己讲过的不讲,要讲就讲最新的思考。如果用陈寅恪先生的"三不讲"做学术研究,境界很高,但不太适合于知识的科普与推广。

就我个人而言,很喜欢法国作家安德烈·纪德(Andre Gide)的话:"所有值得拿出来说的事情,早就已经被人说过了。但是,由于以前根本没有人在听,所以必须拿出来再说一遍。"

所以,我再来写一本《大数据导论》(通识课版),无非就是重新强调一遍大数据的重要性,以便在更大范围内推广数据科学的知识,为全民数据文化的形成尽一份力。

(2)本书有独有的特色,值得在读者心里有个位置。个中缘由,并不复杂,因为市面上大多数相关图书都是面向专业读者的,而对于非专业读者(如人文专业),让他们看得懂、看得进去的通识课版本是少之又少。

---

① 吴军. 智能时代:大数据与智能革命重新定义未来[M]. 北京:中信出版社,2016.

　　写一本跨专业都能读得懂的《大数据导论》，是有价值的！这是因为，基于数据的创新是需要想象力的。而想象力的延展，通常需要跳出当前业务，打通涉及大数据产业的不同领域。多专业融合，才能构建新的洞察力。

　　大数据的蓬勃发展、基于数据科学的创新应用，需要其他领域与数据领域深度融合，从而触发灵感，进而发现新的理论体系和应用架构。因此，培养有数据思维的人才，打破技术壁垒、数据壁垒和学科壁垒，是未来人才培养的方向。

　　我们知道，大数据从来都不是以"技术"为其唯一底色。科学作家万维钢就说[①]，专才是分工的产物，很多时候，专才把自己变成了一个工具人，等待社会的挑选，而通才的首要目标是完善自己。特别是人工智能（Artificial Intelligence，AI）正在接管大部分专业工作的时候，世界越来越需要通才。

　　本书和万维钢的说法遥相呼应。本书不仅仅给读者介绍大数据处理流程中的多层技术图谱，而且更侧重地讨论了与数据科学相关的历史、哲学和伦理学，以便于读者拓展跨领域的数据思维。

　　当然，并非说本书仅仅是为人文学科的读者准备的。事实上，本书同样适用于理工科读者。这是因为，虽然理工科背景的读者不缺乏大数据技术的熏陶（事实上，我们在第6章也为读者准备了非常硬核的大数据技术图谱），但提高自己的人文修养，能够让自己站得更高，看得更远，也让自己未来的大数据之路走得更加顺畅。毕竟人一旦走到管理层，将更需要用自己的人文素养来驾驭技术的走向、限定技术的边界。

　　举例来说，很多风险投资人是（半个）哲学家，华尔街有时也喜欢录取哲学专业的毕业生，所谓何来？就是因为，哲学能让人适应矛盾。换句话说，如果一个人掌握多种思维模型，学会从不同的视角考察一件事，就能做出最好的选择。对大数据的决策又何尝不是如此呢？

　　客观来说，大数据是一个前沿学科，很多观点和概念都在快速发展、不断迭代中，即很多知识并没有定论。因此，本书力图博采众长，吸纳众学者的观点，甚至一些观点针锋相对，意见相左。这又有什么关系呢？本书所希望的就是，通过本书的阅读，读者对大数据的认知更加多元，具备独立思考之精神，通过哲学之思辨，对大数据理解更加透彻，进而成为大数据的参与者、建设者，甚至是开拓者。

---

　　① 万维钢.学习究竟是什么[M].北京：新星出版社，2020.

作者联系方式

　　大数据科学是一个前沿且广袤的研究领域,很少有人能对其每个研究方向都有深刻的认知。我自认才疏学浅,同时限于时间与篇幅,书中难免出现理解偏差和疏漏之处。若读者朋友们在阅读本书的过程中发现问题,希望能及时通过邮箱(bljdream@163.com)与我联系,我将在第一时间修正并不胜感激。

致谢

　　本书能得以面市,得益于多方面的帮助和支持。在信息获取上,笔者学习并吸纳了很多精华知识,书中也尽可能地给出了文献出处,如有疏漏,望来信告知。在这里,对这些高价值资料的提供者、生产者表示深深的敬意和感谢!

　　此外,很多人在这本书的出版过程中扮演了重要角色,如河南工业大学的石岩松、陈伟楷、张开元和夏志强等付出了辛勤的劳动,在此对他们一并表示感谢!

张玉宏

2020 年 9 月于美国卡梅尔

目 录

第1章

大数据之大历史

混沌中自有宇宙,混乱中自有秩序[①]

——卡尔·荣格(Karl Jung)

1.1 大历史的概述

在《中国大历史》一书中,黄仁宇(Ray Huang,1918—2000 年,见图 1-1)先生提出了"大历史"(macro-history)概念。"大历史"强调技术的辩证作用,以实证主义从技术角度谈论历史,以免产生基于意识形态的争执。

"大历史观"指出,时代的宏观走向及发展状况是由无数形形色色的因素共同堆积起来的,历史舞台上某一"关键角色"往往只是一个"角色",让任何人来扮演都可以,为众人所熟知的著名历史人物,不过是恰好在那个时间点上踏上舞台,坐上历史早已准备好的空缺"角色"席罢了。

图 1-1 历史学家黄仁宇

借用黄仁宇先生的"大历史"概念,本章主要讨论大数据的大历史。我们知道,就数据的增长曲线而言,当初极小的初值,需要经历极其漫长的发展过程,才能达到人类能感知的曲线拐点。当下,"大数据"作为一个时髦的专业术语,其历史还很短暂,但是它所依赖的很多基础是在很久以前就建立了。罗马不是一天

---

① 对应的英文: In all chaos there is a cosmos,in all disorder a secret order。

建成的,大数据也不是!

人类的文明与进步,从某种意义上来说,就是通过对数据的收集、处理和总结而达成的。历史对于我们来说,并不是可有可无的点缀饰物,而是实用的、不可或缺的前行基础。了解大数据相关的历史,有助于培养人们的数据思维和基于数据的创新能力。

尤瓦尔·赫拉利(Yuval Harari)在《未来简史》中指出[1],学习历史的最大作用,不是让你相信历史是必然的,而是为了摆脱历史的枷锁,让人更自由。身处大数据时代,我们想让数据发声,靠数据指点江山,创造更美好的未来,殊不知,"太阳之下无新事"。因此,有历史学家指出,"历史学是最好的未来学"。学者们的观点或有讨论空间,但了解一下大数据的发展史,有助于我们更好地展望未来倒是不争的事实。

1.2 远古时代的数据思维

数据是人类认识客观世界的标度,人类与数据的历史,可谓是源远流长。翻开人类的科技史,我们很快就会发现,这就是一部人类对事物数据化的历史。在某个领域,越是能够用数据来表征的,其科学化的程度就越高,人类对其认识的程度也就越深入[2]。

1.2.1 数字的产生

自从人类开始有了文字和数字起,数据就开始产生。数据作为一种计量工具与技术相融合,充分体现了其精确性和实用性的特征。人类文明的历程,大部分都可归属于小数据时代,甚至极小数据时代。

乔治·伽莫夫(George Gamow)是世界顶尖的物理学家、天文学家、生物学家,曾师从著名物理学家玻尔和卢瑟福。他在经典科普名著《从一到无穷大》中讲了这么一个小故事[3]:

在非洲一个原始部族里,有两个酋长决定做一个数数游戏(见图 1-2)——比一比谁说出的数字大,谁就赢。

一个酋长说:"你先说吧!"

"好!",另一个酋长绞尽脑汁想了好几分钟,终于说出了他所能想到的最大数字——3。现在轮到另一个酋长动脑筋了。在苦思冥想后,他表示认输:"你赢啦!"

上面的小故事其实是想说明,在远古时代,由于物质极其匮乏,人类对计数系统的认

伽莫夫的故事并不夸张。因为有些文化中压根就没有数字的概念。例如,亚马孙流域有一群名为蒙杜鲁库的原住民部落,在他们的语言中,就没有任何词语能精确表达 2 以上的数字。

图 1-2　两个酋长比数数

知还处于懵懂状态。对少于 3 个的事物，人们尚能掌控，但对 3 个以上的事物，就只能称为"很多"或"数不胜数"。在这种情况下，人类远古时代是很难出现完整的计数系统的。

人类文明的发展，存在严重的区域性不平衡。在澳大利亚的原始森林中，至今还有停滞于原始发展水平的部落。他们对数字的感知程度极其有限，普通人也就知道 1、2、3。即使是部落里的"聪明人"，也就只知道 4 和 5。数量再多，他们一概称为"很多很多"。这是人类远古状态的无变异延续，可视作"活化石"。

数的概念，始于原始人采集、狩猎等生产活动之中，他们通过对不同类事物之间的比较，逐渐认识到存在某种共同的特征，然后从感性认识，升华至抽象层面，于是就产生了数。

1.2.2　人类的数字感

在巴里·莱文森导演的经典奥斯卡获奖电影《雨人》(*Rain Man*，1988 年)中(见图 1-3)。有这么一个经典的桥段：在餐馆里，患有自闭症的哥哥(达斯汀·霍夫曼饰)，面对散落一地的牙签，目测就能将其分成三小堆，并很快就能给出每一小堆牙签的数量：82,82,82,然后又瞬间心算出牙签总数：246。

哥哥的心算能力的确不错，但相比于他高超的数字感——能达到 82，那只能说小巫见大巫了。当然，这仅仅是影视作品。影视作品通常是基于生活而高于生活的。那么在

1988 年莱文森导演的《雨人》赢得奥斯卡最佳影片、最佳导演、最佳原创剧本和最佳男主角四个大奖。影片情节曲折动人。

图 1-3 电影《雨人》中哥哥具有超强的数字感

真实的生活场景中,我们普通人又是什么样的呢?数字感又是什么感觉呢?

在进行解释之前,请读者快速浏览如图 1-4 所示的图片,不用数出来,告诉我,你看到了多少张人脸脸谱?

图 1-4 数字感测试

相信绝大部分人都能瞬间给出正确的答案:4 个!而不需要从 1 数到 4。美籍数学家托比亚斯·丹齐格(Tobias Dantzig)指出[4],这就是一种数字感(number sense),也称数(shù)觉,它是一种不通过数(shǔ)数(shù),一眼就能看出物之多寡的感觉。

这种原始的数觉,在某些动物身上也有体现。例如,有些鸟类就具有数觉,但也仅局限于小数量的数觉。有这么一个试验,鸟巢里原有 4 个蛋,可以安然地拿走一个(余下 3 个),"笨鸟"不会察觉其中的变化,但如果拿去 2 个蛋(余下 2 个),那这只"笨鸟"可能就要"先飞"了——因为鸟巢中蛋的数量变化,已经触发了它的数觉——让它意识到危险,有外物"动了它的蛋"。这表明,鸟类已能辨识出 2 和 3 是不同的。

丹齐格在其科普名作《数:科学的语言》中,提供了一个更有趣的例子。

有一只乌鸦,在一个庄园主的望楼里筑巢,庄园主不胜其扰,决心打死这只乌鸦,他尝试了多次都没有成功,因为人一旦靠近,乌鸦就非常警惕地离开巢穴,远远地待在树上,耐心地等人离开望楼后再飞回巢穴。

有一天,园主心生一计:决定让 2 个人同时走进望楼,然后留一个潜藏在里面,另一个出来走开。但这个乌鸦并不上当,它还是等着,直到第二个人出来。

这个试验一连做了几天:2 个人,3 个人,4 个人,都没有成功。最后,用了 5 个人:也像前几天一样,先一起进望楼,然后留一人潜藏其内,其他 4 个人走出来。这次奏效了,乌鸦的数字感(见图 1-5)"失灵"了——也就是说,当集合变大后,乌鸦已经无法辨别 4 与 5 的差别,因此它马上飞回巢里,然后被留在望楼的人逮个正着。

图 1-5　乌鸦的数字感

美国迈阿密大学人类学系教授凯莱布·埃弗里特在其著作《数字起源》一书中指出[①],人类天生只能精确辨别出 4 以下数量之间的区别。一个佐证就是,在不同的语言中,数词的 1、2、3 往往和 4 之后的数字有明显的区别。例如英语里,第一 first、第二 second、第三 third 的结尾都是非常规的,但到了第四 fourth 之后,就都规规矩矩地以 th 为结尾。同样的现象发生在中国数字上,前三个数字一、二、三都是由横道构成,但第四个,即四,它的形式就明显和前三个不同。要知道,人们的大脑可不是随随便便就形成这种编码的。可以想象,这种数字书写形式的跨地域协同变化,一定与我们天生的数字感存在某种关联。

---

① 凯莱布·埃弗里特. 数字起源:人类是如何发明数字,数字又是如何重塑人类文明的[M].鲁冬旭,译,北京:中信出版社,2018。

1.2.3 数字感给我们的历史启迪

时至今日,"大数据"已经深入人心。很多人都喜欢谈论大数据。人们利用数据,其中一个很重要的目的在于,为决策提供支持。因此,有效地呈现出大数据给出的结果,不仅要把数据以"人话"说出来,还能让受众听得明白、看得真切,就显得非常重要!

想做到这一点,就得迎合人性,或者,更具体点说,要迎合人类大脑的数字感。或许我们要问,数字感真的有那么重要吗?它能与人类的其他5种感觉(即视觉、听觉、嗅觉、触觉和味觉)相提并论吗?

还真能!

在 2013 年 9 月 6 日的《科学》杂志上,荷兰乌特勒支大学(Utrecht University)研究小组对这一问题开展了深入地研究[5]。这项研究表明,人们的大脑有一个固定的区域来处理数字感,从而使得人们具备不用计数就能感知数目的能力。也就是说,人人都具备第六感。

数字,在本质上是人类对实物的一种抽象。人类逐渐具备这种抽象能力,历经沧桑,年代久远,其中不乏有基因突变的偶然因素才造就了现代意义的人类。作为高智慧动物,人类相比于其他动物,这种数字感相对较强。但这个"相对性"也是非常有限的。

读者可以尝试看图 1-6(a)所示的图片,在第一列中,无论黑点的大小或形状如何变化,都能一眼判断出目标的数量为 1。在第二列中,也没有问题,也可以秒测出目标数量为 4。而在第三列,可能就没有那么容易在不数(shǔ)数(shù)的情况下,迅速得出答案为 7。当目标元素的个数继续上升,人类的这种引以自豪的数字感,或者说对抽象数字"浑然天成"的理解就会迅速衰减。在图 1-6(b)中,通过功能性磁共振成像(fMRI)取得的数据显示,随着数字的增大,人类大脑的血氧等级相关会在数字 3 出现时达到峰值,随后快速衰减。

从上面的讨论中能得出什么启发呢?那就是,如果想让受众毫不费力地理解你的数字,那么尽量用小数字来描述。

例如,在加多宝广告里,最好不要给出一个海量数字,比如说,在中国,我们每天售出 312 458 罐加多宝(无法得到准确数字,此处仅为说明问题,而虚构了一个大数字)。而更好的说法可能是:"中国每卖 10 罐凉茶,其中就有 7 罐加多宝!"这里我们不去争论其中的是非曲直,但后者用小数字,明显更能打动消费者,因为它们更容易听懂了!

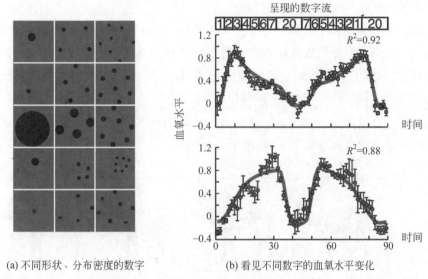

(a) 不同形状、分布密度的数字　　　(b) 看见不同数字的血氧水平变化

图 1-6　不同数据的数字感测试（图片来源[5]）

再如，如果医生要叮嘱尿路结石的患者每天需喝 1500ml 水。这样冰冷冷的数字，患者很可能没有感觉。但是换一种说法，对患者说，每天喝 3 瓶农夫山泉水的量，患者的记忆效果就会好很多。

说到底，人还是一个感性思维居多的动物。人类用了几百万年的进化才对小数字有瞬间秒懂的数字感。因此，只有迎合大脑的特性，才能让我们的数字具有冲击力和感染力，进而更具有说服力。这是身处"大数据时代"的人们需要特别注意的一点。

1.2.4　计数系统的起源与发展

"数觉"是动物的基本心理特征。丹齐格指出，一种比鸟类高明不了多少的原始数觉就是产生我们数概念的核心。毫无疑问，如果人类仅凭这种直接的数觉去"闯荡江湖"，并不比鸟类强到哪里去！

然而，在经历了一连串特殊环境的锤炼，人类在极为有限的数觉之外，习得了另一项重要技巧来帮助自己，这种技巧，注定给他们的未来生活带来巨大的影响，而这个技巧正是计数。正是由于有了计数，人们才有机会在此基础上打造能用数来表达的惊人成就。

需求是发明之母。在需求的驱动下，人类首先发明了数字。数字是计数系统的基础。很多历史学家都认为，数字最初起源于对重要事物的计数，例如在人数、财产（如牛羊数等)或交易中的计数。

比如说,在远古时期,如果有人打到4头鹿,可在墙上画4头鹿的图形来表示,如图1-7(a)所示。后来,专门负责画鹿的人会"偷懒"地想:为什么我非要这么实诚地画4头鹿呢?这太麻烦了!为什么不能就画一头鹿,再用斜放的树枝数量来表示鹿的数量呢?于是就出现了如图1-7(b)所示的简化画法。

类似地,还可以用这种简化画法用于画4条狗[见图1-7(c)]、4头牛、4只羊等。慢慢地,这个数字4就被抽象出来了,如图1-7(d)所示。

人类学家埃弗里特认为,被我们称为"数字"的概念工具(包括表示具体数量的词语和其他符号)是一套以语言为基础的关键性创新系统,这套系统使得人类发展出了区别于任何其他物种的高级功能。

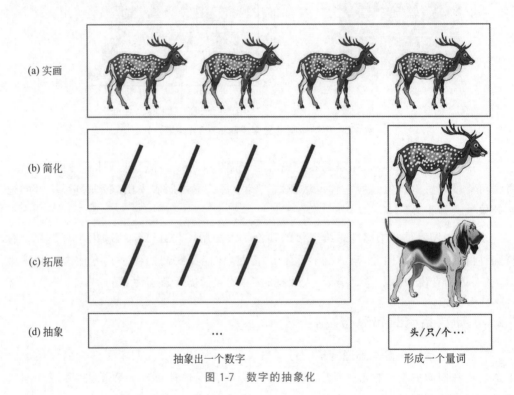

图 1-7　数字的抽象化

英国著名哲学家、历史学家——伯特兰·罗素(Bertrand Russell,1872—1970年)针对数的抽象性,总结道[6]:"仅仅在文明的高级阶段上,我们方能以一串数(自然数串)作为我们发现的起点。发现一对锦鸡和两天都是数字二的实例,一定需要很多时代。其中,所包含的抽象程度确实不易达到。"

再后来,人们发现当手头上的财产多了,譬如说有了18头鹿,再用这种画线的方法来标识数量,过程就显得非常烦琐,数量也难以做到一目了然,如图 1-8(a)所示。这就激励人们要想出一种更好的方法,于是,计数系统就这样应运而生。

从古时至今,人类可能开发了很多计数系统,但延续至今还在用的当属罗马数字了。今天,人们还可以在手表盘上、纪念碑上、一些图书的页码上看到这些罗马数字。有了罗马数字,18 头鹿就可以相对简洁地表示为如图 1-8(b)所示的形式。

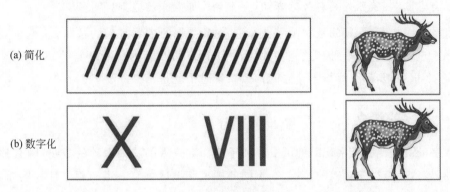

(a) 简化

(b) 数字化

图 1-8　数字系统的形成

如图 1-8(b)所示的概念很容易理解:每个 X 表示 10 个画线(好比两支树枝交叉来放)、V 表示 5 个画线(从象形上看,V 就是 X 从交叉处一分为二所得,10 的一半就是 5,一目了然),而每个竖线代表一个画线。例如,V 左边多一个竖线,IV 表示"五缺一",即为 4;V 右边多一个竖线,VI 表示"五多一",即为 6,以此类推。知道了这些计数规则,我们很容易识别或表达数字,例如 XXI 表示 21。

在罗马数字产生之前的更早时期,数字还没有书写形式时,人类最方便的、最触手可及的计数工具当属自己的双手十指了。在中国成语中,有个词称为屈指可数,表示扳着手指就可以数清楚,形容数量稀少。但在人类社会早期,10 根手指已经不算少了,作为计数"利器",给人类自己的发展帮了大忙。

随着人类祖先狩猎水平的不断提高,以及部落之间的社交活动日渐频繁,彼此间需要表达的数也多了起来。于是,人们觉得有必要进一步提升他们的计数能力。用一根手指代表一,5 根手指代表五(见图 1-9),这样"一五一十"地来计数。因此,数的表达范围得到了扩大。

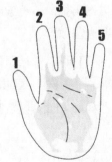

图 1-9　对人类计数帮助极大的五指

在英语中,digit(数字)这个词,除了有"数字"的意思,同时也有"手指或足趾"的含义,这并不是巧合。而 five(五)和 fist(拳头)这两个单词,拥有相同的词根(fi-),也并非偶然。

人类在计算方面之所以成功,应当归功于人类的"十指分明"。也就是说,正是有了十指,才教会了人类计数,从而把数的范围无限扩展,以至于形成现在复杂的数论系统。倘若没有这套"装置",人类对数的感知,并不会比原始人的数觉高明多少。

人类的十指,毫无疑问地影响了人们计数系统中的进制基底的选择,这也是今天人们使用十进制的最根本原因,这是一种"生理上的凑巧"。因此,可以推断,如果人类最初就长有 12 根手指,那么流行于今天的计数系统恐怕就是十二进制了。

1.2.5　数字的诞生

数字的诞生比有文字记载的历史早几千年。数是人类认知活动的产物,因其独特的简洁性,导致人类祖先对数的使用,在不同的国家和地区都有一定的相似性。例如,几乎所有的远古文明,对数字 1、2、3 的书写方式都是非常的象形化,例如,中国的数字 1、2、3 对应一至三横(即一、二、三),罗马数字则是一至三竖(即Ⅰ、Ⅱ、Ⅲ)。

而美索不达米亚(Mesopotamia,又称两河流域)中的数字则是几个垂直的楔形点,一个垂直的楔形(𒁹)代表 1,两个垂直的楔形(𒐀)代表 2,三个垂直的楔形(𒐁)代表 3。另外一种水平的角的楔形(𒌋)代表 10,类似地,楔形(𒌌)代表 20,……,如图 1-10 所示。

这些楔形符号组合起来就能形成其他数字。例如,(𒌋𒐁)表示 13,(𒌌𒁹)表示 21,以此类推。但美索不达米亚的数字系统并不是人们常用的十进制,而是六十进制,是以 60 为基数。

如前所述,十进制的来源很好理解,这是因为人天生就有 10 根手指,所以计算的时候就用手。数字和使用它的载体特性相关,这并不稀奇。事实上,现在计算机用的二进制、八进制、十六进制,是跟晶体管的电特性有关的。

人们可能不知道的是,六十进制的出现依然和人的特性密切相关[1]。这个进制是从巴比伦人传下来的,即使到了现在,凡是涉及圆上的刻度,还是少不了用它。它是从哪儿

---

① 卓克.宏观:科学诞生前的技术大同小异.得到 App,2018-5-22.

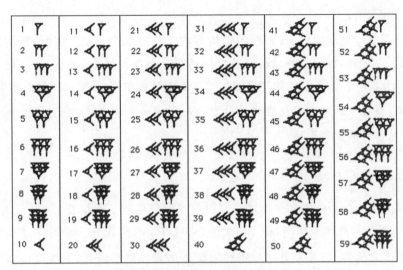

图 1-10 美索不达米亚人的数字系统

来的呢？我们谁也不会长 60 根手指，就算把脚趾头算上也不够。其实它的来源依然是手指，不过它表示的方法借用了双手。

我们不妨来重温一下这套几千年前的计数方法，右手用大拇指当作指针，剩下的四根手指每根手指从上到下都有指尖、指关节和指根这三段。所以右手除了大拇指以外，另外四根手指上一共有 12（4×3）个大拇指可以指向的位置。接下来我们说左手，当用右手不断地数 1、2、3、4、…、11、12，每数满一个 12，左手就伸出一根手指，这样左手一共有 5 根手指，右手一共 12 个点位，5×12 就是 60。六十进制就是这样来的。因此，六十进制的母体依然是人体器官——我们触手可及的"手"。

巴比伦人使用六十进制是一个很朴素的想法。但是现在说起来，感觉很神奇。读者朋友可以尝试利用手指表示 52，感受一下古巴比伦人的朴素之美吧！

1.2.6 数字与数据的不同

数字和文字的发明，为记录人类的事件、知识和思想提供了符号系统。符号系统的各个元素，通过一定逻辑排列就构成了知识的原子，它们的诞生标志着人类进入了文明社会。

数字和数据的概念还是有所不同的。英语中"数据"（data）一词，最早出现在 13 世纪左右，源于拉丁语，有给予（givens）之义。"数据"的概念，是在"量"的基础上经过进一步

数字化（digitization）和数据化（datalization）这两个概念大相径庭。数字化是把模拟数据转成 0 或 1 表达的二进制编码。数据化是一种把现象转换为可制表分析的量化形式。前者是基础，后者才是我们的目标。

扩展而建立起来的。

在信息化高度发展的今天,万事万物均可数字化已成为现实。因此,数据的形式得以扩展至除了单纯的"量"之外,数,以及可以转换成数字的图形、表格、文字均可成为数据的组成部分(本质上,它们的物理存储形式都是二进制数据,还是属于数的范畴)。

就这样,数据不再限于表征事物的特定属性。更为重要的是,数据还成为推演事物运动、变化规律的依据和基础[7]。

1.2.7　语言与文字

语言是人类大脑最独特的产物之一。用哲学家丹尼尔·丹尼特(Daniel Dennett)的话说[8]:"在思维的进化历程中,语言的发明,是所有步骤中最令人振奋、最重要的。"

放眼整个自然界,只有人类这个物种掌握了语言。借助语言,人类可以向他人准确地传达自己的想法和感受,与他人建立各种社交关系,社会的分工合作也由此发展起来。可以说,人类之所以能有今天的成就,语言算得上居功至伟[9]。

著名社会学家费孝通先生认为[10],语言是社会协作的产物,因此,我们不会有个人的语言,只能存在社会的语言。语言只能在一个社群、具备相同或类似经验背景上发生。

的确,语言的创造是人类发展史上的第一个拐点。它的出现,改变了一切。自从有了语言,人类就可以让思想在不同的个体之间交流融合,创新也在融合中得以孵化。通过哺育子嗣,口口相传,人类积累的知识实现代代传承。

然而,语言也是有缺点的。口头表达有一个显著的特征就是转瞬即逝。这些口头表达,除了极少数在强刺激下能在大脑中留下长久的印记外,绝大多数通过耳朵传递给大脑后,仅仅是大脑"匆匆的过客"。

阿根廷文学家博尔赫斯(Borges)有句名言:人类的工具大多数是四肢延伸,棍棒延长了手臂,轮子延长了腿脚,而只有文字和书籍是大脑和精神的延续。

畅销书作家肖恩·杜布拉瓦茨(Shawn DuBravac)在其著作《数字命运》中指出[11],简单地说,数据的历史,就是人类试图再现大脑数据处理能力的历史。

众所周知,人的记忆时长是有限的。时间久了,很多事情就会遗忘。为了避免遗忘,当时人类社会的精英就想办法,尝试开发一个辅助的"存储系统",把容易遗忘的重要数据记录下来。于是,文字就诞生了,它负责记录人们原本"听后即焚"的语音信息。如果说,语言是一种用声音来表达的象征体系,那么文字就是这种象征体系的符号化表现。人们常用文字来记录历史,殊不知,文字本身就是历史。

哈佛大学讲席教授马丁·普克纳(Martin Puchner)在其著作《文字的力量：文字如何朔造人类、文明和世界历史》(*The Written World*：*The Power of Stories to Shape People*，*History*，*Civilization*)中干脆就说：地球是一个由文字建立的世界。文字是语言的书写符号，是人与人之间交流信息的视觉信号系统。这些符号能书写由声音构成的语言，使信息传到远方，传到后代。

"天不生文字，万古如长夜"。"昔者苍颉作书，而天雨粟、鬼夜哭《淮南子·本经训》。"文字让记录成为可能，记录让文明得以积累。文明可以"祛魅"，但是，文明必须靠积累才能得以延续。人类每一个文明都是一部分人的体能和智力的结晶。正是因为有了记录(即可以重新阅读的数据)，后人就可以站在前人的肩膀之上，继续向前。

于是，进步就成为一种可叠加式的状态。摆脱了"重造轮子"的困顿，人们就能把额外的体能和智力投入新的劳动和创造中去，有了更多时间对未知事物进行更为深入地思考、分析、加工和打磨，从而提炼出新规律和新知识。文明进步的号角也因此吹得更加频繁与嘹亮[12]。

祛魅(Disenchantment)是德国著名社会学家马克斯·韦伯提出的概念。韦伯在"以学术为志业"的演讲中指出，世界的祛魅，就是人们不用相信神秘力量的存在，技术和计算代替了魔法，就是世界的理智化。

1.2.8　文言文的"无奈"精简

旧石器时代的部落成员(特别是部落首领)，通常会在树棍或者动物骨头上刻下凹槽，用以记录日常的交易活动或物品供应。通过比较树棍或骨头上凹痕的多少与变化来进行基本的数据运算，从而可使部落首领能够对一些事情进行预测，如山洞里的食物还可维持几天，何时再去打几头野鹿等。

本质上，数据表征的是已发生的事实，而其核心的作用则是对未来的预测。从远古的小数据，到当今的大数据，数据的作用莫不如此。

人类最早有关数据存储的例子莫过于记账(或记录财产)用的符木(tally stick)。1960 年，考古学家在乌干达发现的伊桑戈骨(Ishango bone)，就是史前最早的有关数据存储和计算的物证(见图 1-11)。伊桑戈骨事实上是由狒狒骨制作而成的，距今已超过20 000 年。在狒狒骨上面，就有用于计数和运算的划痕，这表明，人类社会在很早以前就开始有了自己独特的"计算与存储"系统了。

中国人的祖先在"数据"存储上也做出了巨大的成就。英国著名汉学家、科学技术史专家李约瑟(Joseph Needham，1900—1995 年)帮中国总结了古代的科技史，归纳出了中国的四大发明(Four Great Inventions by China)，即造纸术、指南针、火药、活字印刷术，

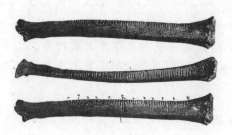

(a) 现存的伊桑戈骨   (b) 3D打印复原的伊桑戈骨

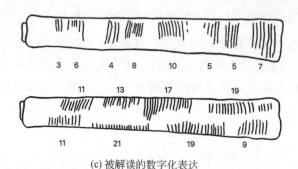

(c) 被解读的数字化表达

图 1-11　旧石器时代晚期的伊桑戈骨

居其首位的就是"造纸术"。"造纸术"之所以伟大,就是因为它为记载人类的文明提供了一种便捷的存储载体——纸张。

在蔡伦(图 1-12)发明纸张以前,我们的祖先对事物的记录载体,大多都是选用动物骨头、龟壳、石碑、泥板、竹简等能长期留存的"存储系统"。然而在这些存储系统中,即使留下一个笔画,都是非常费时费力的。因此,古代的书面语(如文言文)和口语,在那时是两种"大相径庭"的语言体系。口语就是大白话,就可以长很多,而书面语简洁,要惜墨如金。

中国的文言文,就是惜墨如金的典范。文言文作为一种有效的信息记载工具,最早就起源于商代甲骨文时代,这是我泱泱中华第一个有直接文字记载的朝代。那时的人们真的很辛苦,在利用甲骨类存储载体记载信息时,受限颇多。龟甲、兽骨乃至后期的竹简等"存储材料",不仅占用面积较大,而且异常贵重——真的是又"贵"又"重"。成本的高昂,携带的不便,允许人们"写"的空间就非常有限。甲骨文范例如图 1-13 所示。

图 1-12　发明造纸术的蔡伦

图 1-13　甲骨文范例

在甲骨文时代,刀作为主流的文字"刻录"工具,被用了几百年。后来为了提高"存储"速度,古人们将当时的主流存储设备——甲骨换成更加便于书写的竹简、木牍。即使这样,文字的录入和"存储"效率依然不尽人意。为了提高效率,那时还诞生了一个专门的职位——刀笔吏,他们专门从事将文字刻或写在竹简上的工作。

另外,如甲骨、竹简这类低效的"存储设备",除了本身贵重外,撰文刻字还非常占用物理空间,也就是说,信息密度很低。举例来说,通常我们在夸某个人有学问时,经常说他"学富五车"①,形容他读书特别多,书多到能装满五辆牛车!其实,由于这种古文是由竹简木牍成书,非常笨重且体积庞大,"五车"按照现代的衡量标准,"颂二十万言"差不多就有"五车"。当下的我们,"二十万言"的白话图书,在书店随处可见,例如路遥先生著作《平凡的世界》就有 100 多万字,放在古代都可以装五个"5 车"了。

因此,在文字"存储介质"极端落后的数千年历史中,古人不得不把文章写得"言简意赅"——这是文言文诞生的最初动力。文言文之所以简短精悍,其中最重要的考量因素,不是人们刻意追求的"言简意赅",而是受限于当时主流的"数据载体"(如龟甲、兽骨、竹简等)成本之高昂、刻字(誊抄)之费力,文言文的"简练",不过是一种形势所迫罢了。

当我们赞叹古人文字功底了得、"微言而大义"时,如果站在科技发展史的角度来看(即黄仁宇先生提出的"大历史观"),古人们之所以那样做,实属文字的载体来之不易、用之更难所致。

从技术的角度,而非主观意识来审视历史,有时候能得出更为客观的历史分析。这是黄仁宇先生的主要贡献之一。

---

①　语出《庄子·天下》:"惠施多方,其书五车。"惠施(约前 370 年—前 310 年),尊称惠子,战国中期宋国(今河南商丘)人,战国时期著名的政治家、辩客和哲学家,是名家(即逻辑)思想的开创者和主要代表人物。

几千年前记录的图像(如各自岩石壁画)、甲骨文记录、雕版书籍等都可算数据,因为这些资料被记录下来了①。在信息时代,数字已经被泛化了,凡是可以电子化记录的(不论是数值型的,还是图片、音频或视频)都是数据。

1.2.9 古代的"数据中心"——图书馆

如果把古代存载图书内容的泥板、石板和龟壳等视为数据的存储单元,那么图书馆无疑就是收集知识或类似资源的汇集地——其地位类似于现代的数据中心。古代图书馆的诞生,表明人类对大量数据进行存储,开始了初步的尝试。信息存储的介质从动物的石头、骨头、木头也演变为容易雕刻的泥板。

早在公元前 2600 年的苏美尔地区(现伊拉克境内),在尼普尔神庙(Nippur Temple)中发现了存量巨大的泥板文书,该神庙可视为迄今为止人们发现的最早图书馆之一[13]。

然而,第一座真正意义上的"古代图书馆",当属亚述巴尼拔(Ashurbanipal)国王的图书馆,该图书馆比苏美尔图书馆诞生晚了近两千年,建成于公元前 700 年至公元前 600 年。亚述巴尼拔图书馆在尼尼微(Nineveh)王宫中建立,保存有大量古代典籍,其中的藏书样品如图 1-14 所示。

图 1-14 亚述巴尼拔国王图书馆藏书

① 然而,如果从数据产业的角度来看,远古流传下来的记录就算不上数据。这是因为,在那个时代无法谈自动化、产生商业价值,服务某些场景等。用阿里云 CTO 王坚博士的话来说,它们都是离线(offline)数据。后面的章节会提到王坚博士的观点。

但谈到最为壮阔、存量最大的古代图书馆,莫过于亚历山大图书馆(Library of Alexandria,见图 1-15)。亚历山大当时隶属于古希腊。有意思的是,古希腊最重要的图书馆不在希腊本土,而是在它所征服的古埃及亚历山大城,图书馆由托勒密(Ptolemy)王朝的托勒密一世于公元前 259 年创建。建立亚历山大图书馆的目的,就是托勒密一世许下宏愿,要"收集全世界的书",实现"世界知识的大总汇"。这个愿望太过宏大,一世都完不成。随后,托勒密的儿子和继承者托勒密二世,向世界各地的国王们发出呼吁,希望他们能寄来各自领土之内最著名的书籍的副本①。

图 1-15　亚历山大图书馆

据说在当时,每艘船抵达亚历山大港口时都会被搜查,倘若找到一本图书馆里没有收录的书,这本书就会被"充公"一年,待图书馆的专职工匠(类似于中国古代的刀笔吏)誊抄完毕后,才物归原主。

就这样,日复一日,年复一年,亚历山大图书馆几乎收集了西方国家所有的书籍,馆内收藏了贯穿公元前 400 年至公元前 300 年时期的手稿,涵盖了当时人们学习的各个领域。在鼎盛时期,图书馆藏书量达 70 万卷,仅图书目录就达 120 卷,在当时的历史条件下,可谓是天量。

从某种意义上来看,亚历山大图书馆应当是古代最大的数据储存地了,同时也成为

---

① 米卡埃尔·洛奈. 万物皆数:从史前时期到人工智能,跨越千年的数学之旅[M]. 孙佳雯,译. 北京:北京联合出版公司,2018.

古代数据密度最高的地方。这个图书馆作为人类文明的璀璨之花,吸引了无数古代杰出学者们蜂拥而至。我们知道,当信息密度超过了一定的临界值,加之杰出学者的推波助澜,就会孕育社会的"知识大爆炸"[①]。

举例来说,当时的数学虽然得到一定程度的发展,但多是一些碎片化的知识,还没有一个完整的体系将它们串起来。在众多慕名而来的学者中,就有后来大名鼎鼎的欧几里得(Euclid,公元前 330 年—公元前 275 年)。在亚历山大图书馆里,欧几里得"读书破万卷",才有机会"下笔如有神",写下了千古奇书《几何原本》,他也因此书而彪炳史册。

> 《几何原本》不仅奠定了几何学、数学和自然科学的基础,也规范了科学的研究方法,对西方人思维方式的影响颇深。更重要的是,它给世界带来了一种科学、严谨的思维方式——公理化思维。

但不幸的是,经历数百年的辉煌,这座图书馆竟"意外地"遭到了罗马人的入侵,最终被战火吞没。但战火并未让亚历山大图书馆失去所有的珍藏,其中一部分很重要的藏书被转移到了城市里的另一个建筑里,还有一部分被人"趁火打劫"偷走了,然后散布在世界的各个角落,人类文明的部分"火种"竟意外地得以延续和传播。

亚历山大图书馆,成也战争,毁也战争。古代战争最大的遗产,可能并不是领土的分分合合,而是颠覆性地打开了信息交流的新渠道。领土的纷争是暂时的,而文明的传承却是永恒的。

1.3 近代数据思维的崛起

在人类漫长的数据蓄水过程中,数学和统计学也得以逐渐发展,人们开始注意对数据的量化分析,在人类进入信息时代以前,这样的例子就不胜枚举。下面,就聊聊统计学的发展历程,从中让我们体会一下现代数据思维的"潮起潮落"。

1.3.1 统计学的诞生

随着人类社会的发展,日常生活和工商业生产中逐步产生了大量数据。有了数据之后,如何科学、有效地使用这些数据,然后再反过来指导人们的生活和生产,就需要用到一门非常实用的科学——统计学。

美国科学院院士、著名美籍印度裔统计学家 C.R.Rao 对统计学给予了很高的评价,他表示,"所有的知识,在终极分析意义上,都是历史;所有的科学,在抽象层面上,都是数

---

① 留在中国"北上广深"的各种"漂"们,他(她)们之所以艰辛地漂泊在这些大城市里,表面的原因是留在大城市的机会多一些,更深层次的原因是,这些城市的知识密度和质量通常都远远高于二、三线城市,因此更便于创新和创业。

学。所有的判断,在理性基础上,都是统计学①。"

犹如实践先于科学,统计实践也是先于统计学产生的。从历史上看,统计实践在人类社会初期,即还没有正式文字的原始社会起就有了。但这种意义上的统计,仅仅涉及社会统计,即只是反映社会基本情况的简单计数工作。

统计学成为一门真正的学问,还得从西方国家说起。统计学诞生的最早时期称为"城邦政情"(Matters of State)阶段。该阶段始于古希腊哲学家亚里士多德(Aristotle)撰写的"城邦政要"。他一共撰写了 150 多种纪要,其内容包括各城邦的历史、行政、人口、资源和财富等社会和经济情况的比较、分析,具有社会科学特点。

"城邦政情"式的统计研究延续了 2000 多年,直至 17 世纪中叶才逐渐被"政治算术(Political Arithmetic)"这个名词所替代,并且很快演化为"统计学"。作为统计学的英文单词——statistics,其前 4 个字符 stat,其实就是源自城邦(state)这个词根。

> 德国统计学家斯勒兹曾说过:"统计是动态的历史,而历史是静态的统计。"你是怎么看统计学的地位的?

1.3.2　"政治算术"的内涵

随后,统计学发展到由威廉·配第(William Petty,1623—1687 年,见图 1-16)为代表人物的"政治算术"阶段。这个阶段和"城邦政情"阶段并没有明显的时间分界点。"政治算术"的一个重要特征是,统计方法和推理方法开始结合,协同分析社会经济问题,传统的定性分析开始迈向新的定量分析。为了征兵和税收,欧洲的各国政府开始收集如出生、死亡和结婚的人口统计学的资料。在这个阶段(即 17 世纪),现代意义上的统计学开始萌芽。

图 1-16　威廉·配第公爵

1676 年,威廉·配第出版了他的标志性著作《政治算术》[14]。当时语境下的"政治",实际上是指政治经济学,而"算术"则是指统计方法。在这本书里,配第利用实际资料,运用数字、质量和尺度等统计方法,对英国及其邻邦荷兰、尼德兰和法国等国的国情国力做了系统的数量对比分析,从而为统计学的形成和发展奠定了方法

> 向威廉·配第致敬,300 多年后的 2015 年,著名经济学家、诺贝尔经济学奖得主罗伯特·福格尔(Robert Fogel),出版了同名书籍《政治算术》,书中介绍了经济学家西蒙·库兹涅茨的基于实证的经济学思想。后者提出了被世界各国广泛采用的概念——国民生产总值(GDP)。

---

①　对应的英文:All knowledge is, in the final analysis, history. All sciences are, in the abstract, mathematics. All methods of acquiring knowledge are, essentially, through statistics.

论基础。

国家或社会的强有力需求,通常是推动某个学科快速发展的主要驱动力。具体到近代统计学,它快速发展的主要原动力则是战争和工业革命。当时的统治阶层很需要专业人士致力于收集和分析社会、经济和政治方面的统计资料,从而来协助他们决策和管理国家。配第的大作《政治算术》,正是写成于 1671—1676 年间,那时正值第三次英荷战争(1672—1674 年)。

利用数字、质量等尺度,将社会经济现象量化,这是近代统计学的重要特征。马克思曾说:"威廉·配第是政治经济学之父,在某种程度上,他也是统计学的创始人"。因为,在威廉·配第之前的时代,经济学阐述问题的基本方法是纯理论推理(speculative reasoning),主要运用的方法是定性的描述和比较,是"用比较级或最高级的词语进行思辨式的议论"。

威廉·配第的重大贡献在于,他第一次将实验科学(experimental science)的实证推理引入了经济学领域,他把定量分析与归纳的方法应用在经济学上。因此,与其说威廉·配第是统计学的奠基人,不如更确切地说,他是计量经济学的先驱[15]。

1.3.3 统计分析科学的诞生

在"政治算术"阶段出现的统计与数学的结合,逐渐发展形成了"统计分析科学(Science of statistical analysis)"。在同时期的 19 世纪末,欧洲的一些大学开设的数据统计课程已经由政治算术悄然换成统计分析科学,但其研究的主体仍然是社会经济问题。此类课程的出现标志着现代统计学已经拉开序幕。

在数据分析史上,威廉·戈塞(William Gosset,见图 1-17)的贡献同样可圈可点。戈塞 1876 年出生于英国肯特郡坎特伯雷(Canterbury),先后就读于曼彻斯特学院(Winchester College)和牛津大学,专攻化学和数学。1899 年,戈塞进入都柏林(爱尔兰首府)的 A.吉尼斯父子(Arthur Guinness & Son)酿酒厂,在那里,戈塞得到了大量有关酿造方法、原料(大麦等)特性和成品质量之间关系的统计数据。

图 1-17　1908 年的"学生(Student)"——威廉·戈塞

出于保守商业秘密的需要，以及根据酿酒厂的规定，戈塞被禁止发表任何有关酿酒过程的研究成果。因此，一心想发表研究成果的戈塞，不得不采用"暗度陈仓"的方式来完成自己的学术心愿，1908 年，他以"学生（student）"为笔名，在期刊 *Biometrika* 上发表了他的论文《论平均数的机误》（*The Probable Error of a Mean*），从此一举成名，以至于该统计后来被称为"学生的 t 检验"。这是一篇在统计学发展史上划时代的文章。它首次提出了用小样本代替大样本的研究方法，为研究样本分布理论奠定了基础，被统计学家誉为统计推断理论发展史上的里程碑。

促使概率论诞生和发展的强大动力，主要来自于社会实践。文艺复兴后，随着航海事业的发展，意大利开始出现海上保险业务。保险的本质就是消除风险承受能力的不对等。例如，人们买船只险是因为一旦商船受损，个人难以承受带来的损失。例如在《威尼斯商人》里，主人公安东尼奥由于自己的商船海上出事了，无法还款，就被夏洛克逼着要割他一磅肉来欠债肉偿。但保险公司可以承受上述风险，因为意外事件发生的概率是稳定的。只要把概率先算好，保险公司就能承担得起，并能获利。16 世纪末，不少欧洲国家已把保险业务扩大到其他行业上。为了保证保险公司盈利，又要确保人们的参保意愿足够高，就需要对大量随机现象，发现规律性的知识，以便制定合理的保险政策。这就孕育出一种专门研究大量随机现象的规律性的数学——概率论。

1.3.4　概率论的动机

17 世纪中叶，在欧洲贵族中非常盛行掷骰子的赌博游戏。在当时，数学家们研究概率论的最初动机，并不见得有多么"高大上"。他们的初衷其实很功利，就是推算如何在赌博中获得更高的胜算。

在文艺复兴时期，号称百科全书式的意大利学者、数学家卡尔达诺（Cardano）首先觉察到，赌博的输赢虽然是偶然的，但当赌博次数变多后，便会呈现一定的规律性。1663 年，卡尔达诺在其著作《论掷骰游戏》中给出一些概率论的基本概念和定理，并得到"幂定理"等结果，他对现代概率论有开创之功。

1657 年，荷兰数学家、物理学家——克里斯蒂安·惠更斯（Christiaan Huygens，1629—1695 年）出版了第一本有关概率论的著作《论赌博中的推理》（*On Reasoning in Games of Chance*）。

同一时期，法国的大数学家费马（Fermat）与布莱士·帕斯卡（Blaise Pascal）也在相互通信中，探讨了随机博弈现象中所出现的概率论的基本定理。惠更斯、费马及帕斯卡等人的建设性工作,构建了概率和数学期望等核心概念,并给出了这些概念的基本性质和演算方法,从而塑造了概率论的雏形。

18世纪是概率论的正式形成和发展时期。1713年,雅各布·伯努利(Jacob Bernoulli)出版了名著《推想的艺术》(*Ars Conjectandi*)。在这部著作中,伯努利提出了伯努利数列,证明了大数法则的局部情况,即概率论最重要的定律之一——大数定律(*law of large numbers*),该定律表明,在随机试验中,随着试验次数的不断增加,偶然因素导致的噪声作用会减弱,随机事件发生的频率会越来越趋于一个稳定的数值,近似于它的概率。

1.3.5　社会物理学背后的玄机

或许大家还不知道,大数定律还能在历史研究中发挥作用呢！在吴军博士的著作《文明之光》的序言里[16],斯坦福大学张首晟教授就提出,历史的章节,浩瀚无比,戏剧性的人物纷纷粉墨登场,尽显偶然性,作为个体,他们的作用就像液体里的小颗粒一样难以预测,但当我们把时空尺度逐渐放大,这些偶然因素就会在大数定律的作用下,相互抵消,甚至消失,从而可以提炼出文明进步的真理——这个理念和黄仁宇先生的"大历史观"非常类似,可谓是英雄所见略同。

事实上,上述学者的观点还可以追溯更远。1853年,法国著名哲学家奥古斯特·孔德(Auguste Comte,1798—1857年,见图1-18)等人提出了社会物理学(Social Physics)概念。后来,这种思想发展为一个学派。该学派认为,人类社会也是大自然的一部分。因此,社会的运转,就如同日月星辰等天体一样,自有其运转律,存在精确的、数据上的规律,且这种规律是不以人的意志为转移。

图 1-18　奥古斯特·孔德

孔德认为,就个体而言,其心理和行为可能是无序的,是具有"自由意志"的,存在不确定性,其行为是难以预测的。但一旦将人群分析的样本增加至全社会,"大数定律"就会发挥作用,人们就可以从中发现稳定的规律。

在研究方法创新上,孔德的思路可归属于领域迁移,就本质来讲,他按照牛顿力学的"葫芦",给社会学画了一个"瓢"。孔德从一个全新的角度阐释了社会学,并针对社会学中存在的问题,提出了具有可行性的方案和建设性意见。鉴于孔德在社会学领域有很多开创性的研究,他被尊称为"社会学之父"。社会物理学这个学科的目的就在于,利用统计学的方法,分析、挖掘、揭示群体性行为的规律。

社会物理学派里的人类学家和哲学家相信,个人的不可预测性会在集体行为中被降低。人数越多,个人意愿就越有可能深埋在"大数定律"之下。

事实上,从更为宏观的层面上观察,在鸟群的运动,老鼠、蚂蚁的恐慌性逃生中也能发现有趣的规律和动力学特征,类似于物理中的相变。相变,是指物质系统不同相(如固体、液体、气体)之间的相互转变。

近年来,美国著名学者、可穿戴设备之父、麻省理工学院人类动力学实验室主任阿莱克斯·彭特兰(Alex Pentland)再次举起了社会物理学的大旗[17]。彭特兰认为,"我们大部分生活是高度模式化的,彼此很相似。大部分人的态度和思想是基于对他人体验的集成,日常行为都是习惯性的,是基于我们从观察他人行为中所学到的东西。"人们习惯性的日常行为,在大量的行为数据中可以得到表征,这为大数据分析提供了基础。

与彭特兰"遥相呼应"的,是另外一名美国学者艾伯特-拉斯洛·巴拉巴西(Albert-Laszlo Barabasi)。巴拉巴西是全球复杂网络研究权威,无尺度网络的创立者,他在自己的著作《爆发——大数据时代预见未来的新思维》中表示[18],人类的很多行为遵循一些统计规律,其中 93% 的行为是可预测的。

经济学家曾提出一个非常刁钻的问题:"为什么在一件事情面前,人类的意见可能是千差万别,而其行为模式却惊人地相似?"有学者就认为,其中可能的答案是,言辞不必负责,而行为必有后果。从这个角度来看,语言很多变,身体很诚实,就构成了人类大多数行为是可预测的基本盘。

但是,人具有自由意志,这毕竟有别于分子的随机运动。中国科学院《互联网周刊》主编姜奇平先生就不太认可上述观点,他认为,虽然我们有可能成功预测一个沉默的人在某个时刻突然爆发,但要猜透这个人的"斯芬克斯之谜"①,仅仅有科学和技术还是不够的。大数据仅仅是把人性中可预测的部分外包给计算机,而人将更聚焦于属于自己的独一无二的那部分。

从本节的讨论中可知,关于人类的行为是否可预测,在学术界是存在争议的。百家争鸣,方能博采众长,请问你的观点又是什么?

---

① 斯芬克斯之谜,是指在古希腊神话中,斯芬克斯是一个长着狮子躯干、女人头面的有翼怪兽。它坐在忒拜城附近的悬崖上,向过路人出一个谜语:"什么东西早晨用四条腿走路,中午用两条腿走路,晚上用三条腿走路?"如果路人猜错,就被斯芬克斯杀死。俄狄浦斯猜中了谜底是人,于是斯芬克斯羞惭跳崖而死。斯芬克斯后来被比喻作谜一样的人和谜语。

1.3.6 美国式的人口普查——大数据催生新技术

数据的本质就是以"数"为"据"。其本质在人口普查这个案例里,以人口数作为分权的依据,可谓得到淋漓尽致地体现。

众所周知,统计学研究的本体就是数据,而研究给出的结论,通常对人们的决策产生根本性的影响。追本溯源,数据是明智决策的基础。人口普查数据,就是这方面应用的典范。

在近代,由于很多政策的制定及政治权利的分配都依赖人口普查的基础数据,所以人口普查数据被很多国家的政府机构高度重视,这种情况以美国为甚。

美国《宪法》的第一条第二款的实施,给计算史带来了另外一个转折点。这一条款规定,每10年美国要进行一次人口普查。原因其实很简单,就是为了克服民主的劣势,用数据分权,这里的数据就是人口普查数据(有关这方面的论述,读者可以参阅涂子沛先生撰写的著作《数据之巅:大数据革命、历史、现实与未来》[19],书中有非常精彩的探讨)。

在美国建国之初,其国内的政治精英们就非常重视数字在政府管理中的作用。他们已经意识到,数据不仅仅代表了已经发生的事实,还蕴藏着事物的发展规律。人们使用数据,不应该仅仅局限于用数据说话,用数据支持自己的观点,更是要通过数据获得启示,发现新的知识和规律。

虽然早在1790年年初,美国就成立了人口普查委员会,但人口普查的开展,并非那么顺风顺水。除了当时美国党派之间的党争等政治因素之外,单纯就人口普查这项工作本身,由于涉及面太广,事无巨细,统计量巨大,烦琐至极,使得整个人口普查进程推进得非常缓慢。例如,1850年开始实施的人口普查,等到相关的数据全部整理、分析完毕,却是在9年之后的1859年。1860年开始的人口普查,其数据处理速度也不容乐观,用了6年。

转眼间到了1880年,美国10年一次的人口普查又拉开帷幕。那时美国政府已经实施了全新的人口普查改革,导致普查的涵盖面大幅度增加,涵盖人口、出生/死亡率、工业、农业和社会五大部分。与此同时,美国当时的人口也突破了5000万,最终收回的普查问卷高达1000多万份①。与前几次人口普查相比,数据量无疑大大增加。海量待处理的人口普查"大数据"已远远超过了常规的数据分析手段,这也直接导致美国的人口普查

---

① 在1850年以后,美国的人口普查虽然以个人为单位收集统计数据,但问卷调查却是以家庭为单位,户均人口为5人。故此,问卷的数量(1000多万份)是小于人口数量的(5000多万)。

部门面临着一个非常棘手的问题,它们预计需要至少耗时 8 年才能处理完所有收集到的人口普查数据,这如何是好?

倘若 8 年之后才能给出统计结果,那么就会让很多事情还没有开始就结束了——很多基于人口普查数据而制定的政策(如各州的议员名额分配)都面临夭折的境地,这对美国人来说,是难以接受的。因此,人口普查部门迫切需要某种工具的诞生,来加快数据的统计分析速度。

需求是发明之母,这一格言再次得到验证。

1881 年,美国人口普查局聘用了一位年仅 21 岁的工程师——赫尔曼·何乐礼(Herman Hollerith,1860—1929 年)。这位工作踏实且天资聪慧的小伙子后来发明了著名的霍尔瑞斯制表机,如图 1-19 所示。这种制表机能够自动读取打孔卡,实现自动计数,从而可代替烦琐的人工计数,至此,人口普查的效率得到极大提高。

事实上,何乐礼创办的制表机器公司(Tabulating Machine Company)是 IBM 的前身之一。

图 1-19 赫尔曼·何乐礼和他的制表机

这种制表机的推广使用,在美国 1890 年的人口普查中大放异彩,让预计耗费 13 年的工作缩减为 3 个月。这一巨大成就也奠定了何乐礼"数据自动处理之父"的历史地位。

1.4 数据管理的发展与演进

我们常说,"皮之不存,毛将焉附"。抛开这句话的内涵,仅从这句话的表象即可得知,"皮"是"毛"的载体。"皮"若不存在了,"毛"自然也就无栖身之地。类似地,信息(或数据)的保存也需要一个载体。具体来说,数据如果想得以长期留存,就需要非常"靠谱"

的存储介质,没有数据的存储与积累,后面讨论的大数据就如同无源之水,无本之木。

1.4.1 电子数字存储介质的演化

在早期,人类的存储介质先后是石头、骨头、泥板、竹简和纸张,这些介质的发明和改进,对人类文明的延续有着极其重要的作用。

但这些介质存或取的速度都非常缓慢,严重局限于人自身的处理能力。因此,如果存储介质不发生革命性的变化,人类对数据的积累就只能停留在小数据阶段。

电子计算机的发明极大泛化了数据的概念。随着数据存储介质的不断改良,又极大地降低数据积累的门槛。回眸 20 世纪 50 年代,那时 IBM 公司开始生产通用计算机(如 IBM 701),当时计算机的外围设备(如键盘和显示器)还没有诞生,打孔卡大行其道,它除了具备存储功能之外,同时肩负着输入和输出功能(见图 1-20)。

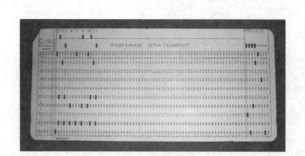

图 1-20　编写 FORTRAN 语言的打孔卡(左)和上机编程的大学生

在打孔卡的存储时代,磁性存储系统由于存储量大、复制速度快等特性,也慢慢吸引世人的关注。1928 年,德国奥地利混血工程师费里茨·普夫洛默(Fritz.Pfleumer)发明了一种用磁带来存储信息的方法。他发现的这个磁性存储原理至今依然被采用。

虽然发展到今天,存储数据的载体品种琳琅满目,从软盘、光盘(VCD、DVD)、硬盘、闪存、U 盘、SD 卡、SM 卡、记忆棒(memory stick)等。但是,目前绝大部分的数据性价比最高的存储介质还是硬盘。磁盘和磁带的存储原理是类似的,所不同的是二者的存取模式。

如果说磁带取代穿孔卡片机,开启了人类数据存储的新纪元。那么,磁盘驱动器的发明,带来的最大便利并不是它巨大的容量,而是它随机读写能力。这项能力,极大放飞了人们处理数据的想象力。从此,数据工作者的工作模式从线性思维向数据的非线性表达和管理迁移(见图 1-21)。

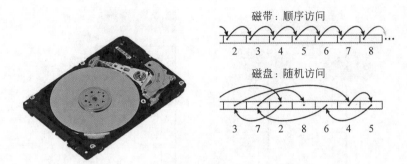

图 1-21　具备随机访问数据能力的磁盘

当数据积累得越来越多,呈现"乱花渐欲迷人眼"之势。人们又开始渴望数据的"秩序"——如何井然有序地利用好这些数据。数据库(database)应运而生,就是数据(data)的大本营(base),是存放数据的大仓库。在这大本营、大仓库里,如何让数据"妥妥帖帖"地为用户服务呢?这可不是一蹴而就的事。

本节主要讨论数据库的发展脉络,以及后面催生的研究热点——大数据的兴起。这段历史说起来很复杂,概括起来却很简单:这段历程就是人们一步一步将数据从混沌无序改造为井然有序的过程。

1.4.2　简陋的"有文无库"时代

自 20 世纪 60 年代以来,计算机技术快速发展,人们收集的电子数据越来越多,数据管理的难度愈发凸显。在软件方面,人们通常在操作系统(operating system)中,内置一个子系统——文件系统(file system)(见图 1-22)来管理数据。文件系统把数据组织成相互独立的数据文件,每个数据文件有一个名称,利用"按文件名访问,按记录来存取"的管理技术,就可实现对文件修改、插入和删除等操作。

文件系统实现了记录内部的结构性,但整体上却无结构。程序和数据之间,由文件系统提供存取方法,进行中间的桥接工作。于是,应用程序和数据之间有了一定的独立性。程序员不必过多地考虑物理细节,可以将主要精力放在算法的设计上。

但是,当时的计算机系统处于一个"有文无库"的时代,即有文件系统,却无数据库。大量的数据文件就如同露天的堆场之物,无组织、不入库。

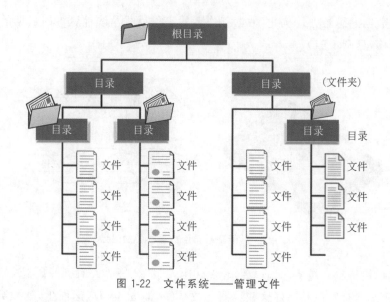

图 1-22 文件系统——管理文件

为了能对更大量的数据实施有效地管理,人们对数据管理技术提出了更高的要求。加之前文提到的磁盘的发明和快速发展,让数据的逻辑结构可以非线性地表达,这使得企业可以用全新的视角设计数据结构,以提高数据的存取效率。有了时代的迫切需求,加之有相应的技术作为铺垫,这便促使另外一门学科——数据库的诞生。

数据的结构化存储是数据库和文件系统最本质的区别。在文件系统中,尽管文件内部的记录有了某些结构,但记录之间是没有关联的。数据库系统可以实现整体数据的结构化。如果说结构化对应的是数据的"有序化",那么相对于基本无结构的文件系统,数据库系统就让数据显得有"秩序"多了。

1.4.3 "穷"则思变之网状数据库

我们知道,无论是程序,还是数据,其本质都是对现实世界的一种抽象。于是,人们很希望这种抽象能尽可能贴切地反映现实世界中的关系。

在关系中,数据是主体,可视为一种客观存在,对于特定的数据集合,它不增不减,就在那里。但数据之间的联系,高度取决于人的逻辑视角,好的逻辑结构(或称模型),可以极大方便对数据的操作。

层次模型(hierarchical model)是出现较早的一种公认的数据管理模型。在这个模型中,用树状结构表示实体和实体之间的关系。在层次模型的数据结构中,节点是实体,树枝是联系,从上到下是一对多(包括一对一)的联系,如图 1-23 所示。在现实生活中,很多实体之间的联系抽象出来,可以很自然地用层次结构来表征。例如,行政机构的隶属关系和家族的传承关系。

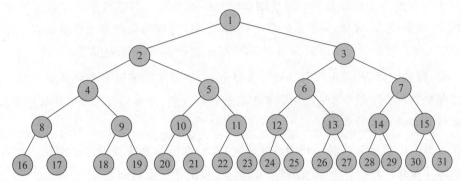

图 1-23　树状结构的层次模型

但在现实世界中,事物之间的联系并不都是犹如"一脉相承"的树状关系。于是,人们就想到了网状结构来描述事物间的联系。实质上,层次结构可视为网状结构的一个特例。倘若要追寻网状数据模型的历史,就得来到查尔斯·巴赫曼(Charles Bachman,1924—2017 年,见图 1-24)所处的时代——20 世纪 60 年代。

《周易·系辞下》有言:"穷则变,变则通,通则久"。在这里,我们不能把这个"穷"字狭义理解为"贫穷",而应理解为"事物发展到了尽头",所以就要发生变化。

在数据有序管理这条路上,当时的主流解决方案——层次模型的数据库,基本上也算是走到"穷"尽之处,于是,"变"就成为一种迫切的需要。只有发生"变",高效管理数据的这条路才能"通",混沌的数据才能变得有序。

图 1-24　查尔斯·巴赫曼

1961 年,巴赫曼任职于通用电气公司(General Electric Company,GE)。在那里,他负责一个涉及 GE 的所有部门的综合系统——生产信息和控制系统(MIACS),该系统含有许多要素,如生产计划,配件扩充,工厂调度,新订单反馈、处理及正确变更工厂状况等,而在这个 MIACS 系统的底层,就是集成数据存储(Integrated Data Store,IDS)。

倘若要利用低效的文件系统来完成复杂的 IDS,基本上是件不可能完成的任务。正所谓"不破,则不立"。为了提高数据的管理效率,巴赫曼决定抛弃传统的文件系统管理数据的模式①,另起炉灶,设计开发最早的网状数据库系统来完成集成数据存储。

这个 IDS 基本上可视为最早的数据库管理系统雏形。它建造于存储器上的虚拟内存系统(一种借助二级存储器扩张内存的技术)之上,支持动态和静态检索数据。在不惑之年(1964 年),巴赫曼终于正式推出 IDS,终结了数据管理"有文无库"的年代。

从此,数据因而有了"组织"(结构)、慢慢也有了"纪律",即数据库的各种规范。查尔斯·巴赫曼的核心贡献在于:他用数据库系统告诉人们,恰当的数据组织和数据格式,可大幅度提升数据处理的效率。

正是鉴于巴赫曼对数据库开创性的研究,人们称巴赫曼为数据库之父。1973 年,巴赫曼也因此荣获计算机界的最高奖——图灵奖,可谓是实至名归。

1.4.4　浓墨重彩之关系数据库

20 世纪 70 年代网状数据库和层次数据库占领了当时数据库产品的主流市场,但用户体验并不尽人意。因为网状数据库模型的结构比较复杂,随着应用环境的扩大,数据库的结构愈发复杂,日趋复杂的网状结构慢慢超出了用户的理解范围。

日益庞大的数据,开始让网状数据库(层次数据)捉襟见肘,数据的无序混沌状态再现。对数据库易用性的渴望和对更"大"规模数据处理性能的追求,再一次成为数据库前进的动力。

20 世纪 70 年代,来自 IBM 公司的计算机科学家埃德加·科德(Edgar Codd,1923—2003 年,见图 1-25)对数据库研究投入了巨大心血,建立了关系数据库模型。1970 年,科德在《美国计算机学会通讯》(*Communication of the ACM*)上发表了题为"大型共享数据

图 1-25　关系数据库之父——埃德加·科德

---

①　正所谓三十年河东,三十年河西,在当前的大数据时代,由于大部分数据呈现出非结构化特征,基于文件系统的数据管理模式,时隔半个世纪,又重新步入人们的眼帘,成为一种值得人们考虑的数据管理范式。例如,MongoDB 和 CouchDB 都是面向文件的数据库系统。

库的关系模型"的论文[20]，文中首次提出了数据库的关系模型①。

其实，在关系数据库模型诞生之初，并没有得到学术界的太多认可，甚至还遭到来自当时如日中天的网状数据库学者的质疑。有人就评价说，关系模型仅仅是个理想化的模型，是空中楼阁，无法实现，且难以保证其性能。还有人视关系数据库模型为网状数据库规范化工作的严重威胁，是麻烦的制造者。

这其中最强烈的反对派当属前文介绍的数据库之父查尔斯·巴赫曼。当时的巴赫曼可是数据库领域唯一的图灵奖获得者。

而当时有位年轻人，慧眼识珠，很早就看好关系数据库模型，于是决定开发自己的关系数据库产品来抢占市场先机。到现在，他成立的关系数据库公司已成为世界上最大的数据库软件公司——甲骨文（Oracle）。这个当时的年轻人名叫拉里·埃里森（Larry Ellison），如图 1-26 所示。截止到 2020 年，《福布斯》发布美国富豪 400 强榜单显示，埃里森凭借 724 亿美元净资产排名世界第六。

图 1-26　Oracle 公司的创始人拉里·埃里森

混沌的数据世界，因为关系数据管理的降临开始变得井然有序。埃里森之所以这么富，在某种程度上，是因为由他主导的 Oracle 数据库系统，在还世人一个清晰的、易于管理的数据世界上，立下了汗马功劳。他的财富是世人对其功劳的表彰。

扎实的理论，是产品成功的基石，而成功的产品，则是对理论最好的诠释。逐渐地，网状数据库和层次数据库沦为历史舞台的配角，以 Oracle 为代表的关系数据库，从此登堂入室，逐渐成为现代数据库产品的主流，为海量的、结构化的数据管理奠定了坚实的基础。

功成名就之后，科德被誉为"关系数据库之父"，鉴于其在数据库理论和实践等方面的杰出贡献，1981 年科德也被授予计算机领域最高荣誉——图灵奖。

1.4.5　突破数据共享的封锁线

在现实生活中，我们常有一种非常朴素的感知：当一项工作的工作量很大时，让一个

---

① 简单来说，关系数据库是指采用了关系模型来组织数据的数据库，其以行和列的形式存储数据。为了便于理解，在关系数据库中，一系列的行和列便构成了表（Table），一组表组成了数据库。

人去干,即使效率再高,完成的速度也不会快到哪里。但当很多人一起干时就涉及管理问题,如果管理不善,就会出现顾此失彼,相互推诿的事情,工作的完成速度也不尽然都快,还可能"忙中出错"。

所谓进程(process)就是执行中的程序,是计算机中的程序关于某数据集合上的一次运行活动。

其实,数据库也一样。当数据库逐渐变大时,数据库用户增多,就可能涉及多个事务(transaction)的并发(concurrency)操作问题。之所以出现这个问题,就是因为数据库是个共享资源。这个共享属性,就蕴涵了数据库允许多个事务同时访问的必然性。当多个事务并发地存取数据库时,就可能导致读取数据的进程和修改数据的进程看到的数据视图,是不一致的。

数据库的一致性一旦遭到破坏,其可用性就大打折扣。

为了增强读者的感性认识,这里我们用一个比喻来说明并发可能产生的问题,如果将数据库比作喂鸡的碗,而把吃食比作需要处理的事务,由于来吃食的鸡众多,如果不加以控制,公鸡、母鸡、大鸡、小鸡蜂拥而上(并发操作),那么其结局是可想而知的:作为共享资源的那口碗,肯定被"糟蹋"了,对于"吃到食,填饱肚"这一任务,估计也没有几只鸡能完成,更可惜的是,由于无序竞争,弄得"一地鸡毛",一些鸡即使吃到食,也是"脏"食(相当于修改过的数据),如图 1-27 所示。

共享资源——喂食的碗　并发的事务——来吃食的多只鸡
图 1-27　共享资源与并发事务的比拟——喂食的碗与吃食的鸡

为了让访问共享资源变得"井然有序",人们就提出了"多事务并发"的概念,其功效可用铁路调度来比喻:在单轨条件下,妥善的调度策略可以支持双向行车,避免死锁;在多条轨道资源固定的条件下,妥善调度可提高列车的通过量。"多事务并发"的主要矛盾在于,快与安全的取舍。多年来,数据库的发展一直受制于这个矛盾,想让数据库的访问速度变快,并发事务的个数就不能多。反之亦然,并发事务个数增多,访问速度就快不了。

在人类科技发展的历程中,常存在这样一种现象:在前进的路上,有一道封锁线拦住人们,大家都停下脚步,一旦有人突破封锁线,才发现这不过是一张窗户纸,解决方案原来如此简单(当然是从后来居上的学习者角度来看这个简单性)!而突破这道封锁线的人就成为继续前行的领路人。

数据库事务处理中的数据共享与锁机理就是这样一道封锁线。而詹姆斯·格雷(James Gray,见图 1-28)就是这样的突破封锁线的领路人。1976 年,格雷发表其代表作《共享数据库的锁粒度与一致性》[21]。这篇经典之作的主要贡献在于,它提出了一系列有关数据库的革命性概念和协议,其中最有名的莫过于 ACID(Atomicity 原子性、Consistency 一致性、Isolation 隔离性、Durability 持久性)性质。

图 1-28　热爱航海的詹姆斯·格雷

在格雷的带领下,他的团队及同时代的追随者还提出并实现了如封锁的粒度和层次、相容性矩阵、调度的可串行化,共享程度和一致性之间的关系等一系列概念和方法,极大地提升了关系数据库的事务并发性。1998 年,詹姆斯·格雷成为了数据库界的第三位图灵奖得主。

随着信息技术的发展,人们能收集到的数据呈现爆炸趋势,在这样的大数据背景下,如何能找到一套行之有效的科学研究方法,备受世人关注。也就是这位大名鼎鼎的詹姆斯·格雷提出了大数据时代的科学研究方法——第四范式(在后面的章节中,我们会详细讨论这个议题)。

1.4.6　向非结构化进发的大趋势

时间是一把无情的剪刀。一项技术无论在当时多么辉煌,只要不合时宜,都会被这把剪刀慢慢裁剪掉。随着信息技术的快速发展,流行长达 20 多年的关系数据库也渐渐沦入被"裁剪"的范畴。大数据"大放当前",关系数据库的霸主地位已呈现日薄西山势,这是因为,数据的存储方式已然呈现出非结构化趋势①[22]。

促成数据非结构化趋势的第一股动力就是数据仓库(Data Warehouse)。例如,数据仓库最主要的践行者之——金博尔(Kimball),早在20世纪90年代,就主张用多维度模型(星状模式和雪花模型)取代关系模型的第三范式(3NF)来建立数据仓库。因为关系模型最显著的缺点,就是查询效率不如非关系数据模型高,这在数据量庞大的数据仓库处理中表现得尤为明显。

此外,数据仓库的流行已经使得传统的面向行(Row-oriented)的存储索引结构渐受质疑。因为在数据仓库的情景下,事实表(Fact table)的规模动辄有上百列数据,但用户在使用事实表时,有时仅仅需要读取一行数据中的某几个相关列而已。这种新时代的数据需求,使得按行处理为基础的关系数据库的效率开始变得低下难忍。

于是,面向列(Column-oriented)的存储数据库架构如"雨后春笋"般纷纷面世。2005年,在美国麻省理工学院(MIT)任职的迈克尔·斯通布雷克(Michael Stonebraker,见图1-29),站在时代的最前沿,成为这一新趋势的先行者,他主导开发的项目C-Store,是最早的开源列式数据库之一[23]。

图1-29 迈克尔·斯通布雷克

斯通布雷克最了不起的地方在于,他不仅参与发明绝大多数现代数据库系统的重要概念(在"知"的层面了然很深),而且还按照他对数据库的理解,先后成功开发了多款数据库系统,创办了多家有影响力的数据库技术初创公司(在"行"的层面,躬行不止)②。即便斯通布雷克不了解王阳明的哲学,但无疑他也是"知行合一"最好的诠释者之一。

正是鉴于他在数据库方面的杰出贡献,2015年3月25日,美国计算机协会(ACM)宣布,斯通布雷克荣获2014年图灵奖,ACM在通告中称③:"斯通布雷克发明了许多几乎应用在所有现代数据库系统中的概念,并且创立多家公司,成功地商业化了他关于数据库技术的开创性工作"。评价恰如其分,图灵奖亦实至名归。

---

① 非结构化数据是数据结构不规则或不完整,没有预定义的数据模型,不方便用数据库二维逻辑表来表现的数据。

② 斯通布雷克是Ingres、Illustra、Cohera、StreamBase Systems、Vertica及VoltDB等数据库产品的创始人。他领导开发的PostgreSQL、Vertica和VoltDB都是当前主流的大数据库。

③ ACM Citation. Michael Stonebraker.http://amturing.acm.org/award_winners/stonebraker_1172121.cfm.

1.5　大数据的诞生

前面铺垫了这么多文字,其实就是为让读者对数据及数据库的来龙去脉有个大致的了解。下面,我们步入大数据时代就正式谈谈大数据这个话题。

1.5.1　大数据术语的历史渊源

大数据,虽然是近几年热门的话题和研究议题,但作为一个专业术语,其历史要久远得多。据可查证的资料显示,1987 年,美国学者泽莱尼(Zeleny)在其论文《管理支持系统:迈向集成知识管理》中首次提出了大数据(Big Data)的概念[24]。不过那时,还没有进入数据爆炸时代,只是随着信息技术的发展,处理数据软件的重要性日益下降,而数据本身的重要性日趋上升,因此那时泽莱尼提及的"大数据"之大,主要是指数据的价值大,而非体积庞大。

1997 年 10 月,来自英特尔公司的米歇尔·考克斯(Michael Cox)等发表了一篇关于处理图像数字化后数据量管理的文章①,文中现代意义上的大数据概念才首次出现。

1998 年,伦敦帝国学院(Imperial College London)教授托尼·卡斯(Tony Cass)在《科学》(*Science*)撰文《大数据的管理者》(*A Handler for Big Data*),大数据(big data)一词概念首次见于世界顶级学术期刊。

随后的 1999 年,美国计算机协会发表了题为《在 GB 级数据集中的实时可视化探索》②学术论文,文中再次提到可视化的"大数据"。现在 GB 级别的数据对我们来说,可谓是稀松平常,但在那时计算环境下,分析处理 GB 级别的数据,特别是在可视化领域,需要实时图形显示和渲染,故对计算性能要求很高,因此在当时也算得上是一个技术上的挑战。

文中,作者 Bryson 等人引用了数学家、信息处理先驱——理查德·汉明(Richard Hamming)的话:"信息处理的目的在于,洞察内在的关系,而不是表面的数字[25]"。这句话的内涵即使在大数据时代的今天,依然有着非常重要的意义。

---

① Cox M,Ellsworth D. Managing big data for scientific visualization[C]//ACM SIG Graph. 1997,97:21.

② Bryson S,Kenwright D,Cox M,et al. Visually exploring gigabyte data sets in real time[J]. Communications of the ACM,1999,42(8):82-90.

同在 1999 年,"物联网(Internet of Things,IoT)"这一概念被首次提出。这意味着网络中持续增长的智能设备不断地"物化",即有可能在没有人作为中介的前提下可以彼此相互通信。

"物联网"这个术语最早可能是无线射频技术先驱凯文·阿什顿(Kevin Ashton)提出的,那时他给宝洁公司(Procter and Gamble,P&G)做演讲,演讲的标题就使用 Internet of Things 字眼[①]。艾什顿表示,在现实世界中,"万物比万思更重要(In the real world,things matter more than ideas)"。在大数据时代,物联网的研究显得尤其重要。这是因为,在某种程度上,物联网的出现为大数据的生产资料——数据平添了一个潜力无穷的供应者。鉴于物联网的目的在于实现"万物互联",这里的"物"主要是工业上的各种物件,因此,"物联网"有时也称为工业互联网(Industrial Internet)。

那该如何降低数据获取的时空成本呢? 一个基本的法则就是在线化。当时间迈入 21 世纪,特别是随着移动互联网的发展,各种移动设备日益普及,物联网、云计算、云存储等技术日渐成熟,人和物的所有轨迹都可以被"在线"地记录下来。移动互联网的核心不是冷冰冰的网页,而是网页背后有温度的人。当人人都变成数据的生产者时,大量的短信、微博、评论、照片、视频都是人的数据产品。数据呈现爆炸性增长趋势。

这时,现代意义上的大数据才开始正式迈入大众的视野。

2008 年 9 月,世界顶级学术期刊英国《自然》专门就此大数据议题推出特刊 *Big Data*[②],并以社论(大数据:PB 时代的科学)及评议等文章形式进行了专门讨论。但作为学术期刊,《自然》毕竟有点"曲高和寡"。学术界一团热闹,并不代表整个社会也随之起舞。2010 年 2 月,大名鼎鼎的《经济学人》(*The Economist*)杂志发表了一篇题为《数据洪流》(*The data deluge*)的文章(见图 1-30)。虽然这篇文章连图带文篇幅不过一页半,通篇也没有出现 big data 字样,但从文章的内容来看,与现在讨论大数据的腔调如出一辙。

由于《经济学人》的读者大多数是跨国大公司高管或政界高管,他们在商界或政界的地位之高、影响之大,无出其右。加之行文有料,此文一出,以大数据为热门话题的出镜率,急剧上升。因此,该文可视为一篇质量极高的大数据科普文章,同时也让一直活跃在学术圈的大数据正式进入大众视野。

王坚博士在《在线:数据改变商业本质,技术重塑经济未来》一书中指出,在有互联网以前,物理世界是离线的。有了互联网以后,世界在向在线进化。在线能让数据每个比特都在流动。流动才能创造价值。因此,大数据能在线,远比"大"更能反映它的本质。

[①] Kevin Ashton. That 'Internet of Things' Thing[J]. RFID Journal,2009,22(7):97-114.

[②] Editor's Summary. Big data:science in the petabyte era.http://www.nature.com/nature/journal/v455/n7209/edsumm/e080904-01.html.

图 1-30　《经济学人》"数据洪流"文章的截图

虽然刊名为《经济学人》，但它并非专门研究经济学，而是一本涉及全球政治、经济、文化、科技等多领域的综合性评论刊物，着重于对这些议题提供深入的分析与洞察。

2012 年，市面上出版了一本有关大数据的畅销书——《大数据时代：生活、工作与思维的大变革》[26]。作为布道者，该书作者对世人大数据思维的洗礼起到了非常重要的助推作用（第二作者其实也是《经济学人》的资深编辑）。

1.5.2　在混沌和秩序转化中螺旋上升

回顾人类的数据发展史不难发现，数据自身蕴涵着一个非常有意思的循环：混沌生秩序，秩序生混沌，如此循环往复，从混沌的开始，到未知的结束，莫不如此。

最初，在没有数据或可用数据很少时，一切都是混乱的，于是我们渴望更多的数据为我们服务，让数据发声，并据此来做决策。从黄仁宇先生呼唤的"数目字管理"，到美国式的人口普查，并以此分权治理国家，诸如此类，都是想将"混沌"的社会，依靠数据变得更加有"秩序"。

但当数据越聚越多时，人们又开始"把控"不住了，信息过载（Too Much Information，TMI）的问题又会出现，一时间"混沌"再现，于是人们又开始努力设计各种数据管理的办

信息过载是指，接受太多信息，反而影响正常的理解与决策。

法,如开发各种结构的数据库管理软件,试图从混沌的数据世界中,挖掘出有意义的信息,还世界一个新的"秩序"。

今日之大数据,之所以再次吸引众人的眼球,就是因为当下的数据量之庞大、种类之繁多、呈现之迅速,再次超过了当前秩序的容量,于是混沌重现。

但大数据的价值之大,也吸引着人们不得不接纳这种"混沌"。但混沌无序的大数据是不能直接给人类创造价值的。因此,目前所有大数据的研究在本质上都在做一件事,无非就是将这个无序的大数据时代,变得更加有序、更加可控、能更好地为人类所用。

现在大数据中非结构化数据(Unstructured Data)占整个数据比例的八成以上,而这些非结构化数据就是大数据处理的痛点和难点,在某种程度上也代表了大数据的无序状态。

倘若深究下去就会发现,非结构化是个未必成立的概念。在信息中,结构化是永存的。而非结构化不过是数据的某些结构尚未被人清晰地描述出来而已。因此,就有人认为,结构本在,只是人们处理数据的"功力"未到,未能有效建模而已。换句话说,秩序本在,目前的混沌无序只是还未找到抵达秩序的途径而已。

人类的数据发展史就是依靠数据认识世界的历史。每一次,从混沌到秩序的过程都是一个时代的风口,科技的浪潮,都会带来重构社会的力量。

大数据时代,恰是这样的风口。

1.6　本章小结

本章以大历史观简要回顾了在人类文明发展进程中数据的来源及其发展。简要总结如下。

(1) 利用数据的思维,人类自古有之。古代计数系统的诞生、文字的出炉、纸张的发明和算盘的普及等,每一种新介质、新工具的出现,都会对人类的思维在某种程度上加以改造。

目前,"大数据"作为一个研究热点,其历史还很短暂,但它所依赖的很多基础,特别是数据思维基础,在很久以前就建立了。纵观历史,人类的文明与进步在某种意义上来说,就是通过对数据的收集、处理和总结而达成的。

(2) 人们从数据中发现价值的实践也由来已久。在历史上,无论是明太祖朱元璋主导的"人口普查",还是美国新式的人口普查,都试图利用数据来管理国家,让国家的运营变得更加高效和合理,这其中有成功的经验(如美国依据人口普查数据来对各州分权)值得传承,也有失败的教训(如王安石的变法失败和明朝数目字管理的有名无实)令人反思。

(3)统计学的诞生推动了数据处理的可信度。从 18 世纪兴起的统计学,到目前火热的机器学习(包括深度学习),无不是想从数据中发现规律,探寻数据背后的价值。这些领域的发展,数据思维的培养,交叉混织在一起,形成了今日大数据分析的基础力量。

所不同的是,传统的数据分析实践,无法适应当前大数据独有的特征。因此,迫切需要一套新的理论体系来支撑这个"由量变到质变"的数据科学。

然后,简要地回顾了数据库及大数据的发展脉络,介绍了涉及其中的有价值的人和有趣的事,如巴赫曼、科德、格雷、斯通布雷克等人。之所以说他们是有价值的人,一方面来自他们个人的杰出学术成就;另一方面,我们也要清醒地意识到,在宏大的历史叙事之前,他们仅仅是自己所处时代风口的代言人,即使没有他们,只要时代有需求,一定会有另外一批人去做类似的事,不过是时间早晚的问题。

本章主要漫谈了大数据的发展简史,但回顾历史并不是目的,目的在于它让我们更好地把握现在,展望未来。本章对大数据的内涵并没有过多涉及,下一章将对此展开深入讨论。

思考与练习

1-1　什么是数字感? 它对我们有什么启发?

1-2　数据化与数字化有什么区别和联系?

1-3　统计学对近代数据思维有何作用?

1-4　简述数据库发展的几个重要阶段。

1-5　大数据研究的本质是什么?

1-6　了解大数据的大历史作用体现在哪里?

本章参考文献

[1] 尤瓦尔·赫拉利. 未来简史[M]. 林俊宏, 译. 北京: 中信出版社, 2017.

[2] 张玉宏. 品味大数据[M]. 北京: 北京大学出版社, 2016.

[3] 乔治·伽莫夫. 从一到无穷大[M]. 暴永宁, 译. 北京: 科学出版社, 2014.

[4] 托拜厄斯·丹齐格. 数: 科学的语言——为有文化而非专攻数学的人写的评论性概述[M]. 苏仲湘, 译. 上海: 上海教育出版社, 1985.

[5] HARVEY B M, KLEIN B P, PETRIDOU N, et al. Topographic representation of numerosity in the human parietal cortex[J]. Science, American Association for the Advancement of Science, 2013, 341(6150): 1123-1126.

[6] 伯特兰·罗素. 数理哲学导论[M]. 北京: 商务印书馆, 1982.

[7] 刘红, 胡新和. 数据革命: 从数到大数据的历史考察[J]. 自然辩证法通讯, 2013, 35(6): 33-39.

[8] 凯文·凯利. 科技想要什么[M]. 熊祥, 译. 北京: 中信出版社, 2011.

[9] 史蒂芬·平克. 语言本能: 人类语言进化的奥秘[M]. 欧阳明亮, 译. 杭州: 浙江人民出版社, 2015.

[10] 费孝通. 乡土中国[M]. 北京: 北京大学出版社, 2012.

[11] 肖恩·杜布拉瓦茨. 数字命运[M]. 北京: 电子工业出版社, 2015.

[12] 涂子沛. 数文明: 大数据如何重塑人类文明、商业形态和个人世界[M]. 北京: 中信出版社, 2018.

[13] MACLAY K. Clay cuneiform tablets from ancient Mesopotamia to be placed online[J]. Retrieved March, 2003, 30: 2013.

[14] 威廉·配第. 政治算术[M]. 北京: 中国社会科学出版社, 2010.

[15] 孙立新. 威廉·配第为经济学贡献了什么?[J]. 新政治经济学评论, 2013, 24(3): 82-96.

[16] 吴军. 文明之光[M]. 北京: 人民邮电出版社, 2014.

[17] 阿莱克斯·彭特兰. 智慧社会: 大数据与社会物理学[M]. 汪小帆, 汪容, 译. 杭州: 浙江人民出版社, 2015.

[18] 艾伯特-拉斯洛·巴拉巴西. 爆发——大数据时代预见未来的新思维[M]. 北京: 中国人民大学出版社, 2014.

[19] 涂子沛. 数据之巅: 大数据革命, 历史、现实与未来[M]. 北京: 中信出版社, 2014.

[20] CODD E F. A relational model of data for large shared data banks[G]//Software pioneers. Springer, 2002: 263-294.

[21] GRAY J N, LORIE R A, PUTZOLU G R. Granularity of locks in a shared data base[C]//Proceedings of the 1st International Conference on Very Large Data Bases. 1975: 428-451.

[22] 万赟. 大数据的存储渊源[J]. 中国计算机协会通讯, 2014, 10(5): 43-46.

［23］　STONEBRAKER M，ABADI D J，BATKIN A，et al. C-store：a column-oriented DBMS［G］// Making Databases Work：the Pragmatic Wisdom of Michael Stonebraker. 2018：491-518.

［24］　ZELENY M. Management support systems：towards integrated knowledge management［J］. Human systems management，IOS Press，1987，7(1)：59-70.

［25］　BRYSON S，KENWRIGHT D，COX M，et al. Visually exploring gigabyte data sets in real time［J］. Communications of the ACM，1999，42(8)：82-90.

［26］　维克托·迈尔-舍恩伯格，肯尼思·库克耶迈尔. 大数据时代：生活、工作与思维的大变革［M］. 杭州：浙江人民出版社，2013.

第 2 章

大数据内涵与数据文化

几乎每项工作都可以从数据学习中获益。掌握了数据,你将无往不利。

——埃尔德研究院创始人约翰·埃尔德(John Elder)

在前面的章节中,我们简单讨论了大数据的大历史,然而,仅仅回首过往是不够的,还需立足当下、面向未来去理解大数据的内涵。深度理解大数据的内涵,有助于我们进一步开展有关大数据的研究工作。

2.1 从数据、信息,到知识、智慧的飞跃

由于数据、信息、知识和智慧这四者之间有着密切的关系,当人们谈及它们时,可能会混淆使用。但事实上,它们四者之间的内涵却"大相径庭",下面来讨论这 4 个概念。

在信息科学领域,有一个 DIKW 金字塔体系,即一个有关数据(Data)、信息(Information)、知识(Knowledge)和智慧(Wisdom)的体系[1],如图 2-1 所示。

这个模型,最早可追溯至诺贝尔文学奖得主艾略特(T.S. Eliot,1888—1965 年)所写的一首诗——《岩石》(*The Rock*)。在这首诗的第一段,他写道:"知识中的智慧,我们在何处弄丢?信息中的知识,我们又在何处丢失?"[①]

1982 年,美国教育家哈蓝·克利夫兰(Harlan Cleveland)在著作《未来主义者》中引用艾略特的这些诗句,并提出了"信息即资源"(Information as a Resource)的理念。后来,这个认知体系由教育学家米兰·泽兰尼(Milan Zeleny)及管理学家罗素·艾可夫

---

① 英文原文:Where is the wisdom we have lost in knowledge? Where is the knowledge we have lost in information? 全文访问链接 http://www.rjgeib.com/thoughts/information/information.html。

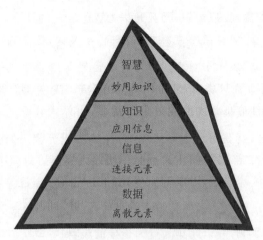

图 2-1　DIKW 金字塔体系

(Russell Ackoff)不断地发展壮大。特别是后者撰写了《从数据到智慧》(*From Data to Wisdom*)，系统地阐述了 DIKW 体系[2]。

泽兰尼从另外一个角度，提出了 4 个 Know(知道)的比喻体系，比较形象地区分了 DIKW 体系的数据(Data)、信息(Information)、知识(Knowledge)和智慧(Wisdom)，见表 2-1。

表 2-1　泽兰尼对 DIKW 体系的 4 个 Know 比拟

分类	常用的技术(Technology)	所达到的效果(Effect)	目的(比拟)(Purpose)
数据	电子数据处理(Electronic Data Processing，EDP)	混乱不清(Muddling through)	一无所知(Know-Nothing)
信息	管理信息系统(Management Information System，MIS)	高效率(Efficiency)	知道是什么(Know-What)
知识	决策支持系统(Decision Support Systems，DSS)、专家系统(Expert system，ES)、人工智能(Artificial Intelligence，AI)	高效力(Effectiveness)	知道是怎样的(Know-How)
智慧	智慧系统(Wisdom，WS)①	可解释性(Explicability)	知道为何(Know-Why)

泽兰尼对 DIKW 体系的注解让人感触最深的可能在于：数据如果不能进一步地精加工，即使收集的数量再大，也毫无价值，因为仅仅就数据本身而言，它们是一无所知的。

---

① 　Zeleny 在其论文中也对智慧系统"语焉不详"，或许当时对智慧系统的认知没有形成。

数据的价值在于形成信息,变成知识,乃至升华为智慧。

在 DIKW 体系中,每一个上层结构都比其下一层多赋予了一些新特质。数据层处于最底层,它是离散的元素,表示了对客观事物的原始观察和度量,是信息的一种落地存储形式[3]。信息就是为了消除不确定性(即熵)的数据流。现在我们谈及大数据,从本质上来说,是为消除不确定性而提供的广泛数据支撑。

在数据层加上分析,就获得数据间的联系,连接数据元素,即为信息;而在信息层添加了如何去使用,即在行动上应用信息就产生了知识。

总的来说,数据、信息和知识主要侧重于对事物过去的属性进行观察、分析及提炼。而智慧则稍有不同,因为它在知识层,添加了"何时采用"这一因素,形成知识的顿悟与妙用,主要是对未来实施预测,并以此作为行为指导的箴言。

下面的一首打油诗和一个流传的小故事比较清楚地阐述了这四者的区别与联系。打油诗:

> 一条大河波浪宽,烟波浩渺三千三。
>
> 君若无技莫试水,逞能英雄到西天。

在打油诗中,"一条大河""波浪宽""烟波浩渺"及"三千三"等,孤立来看,均属于数据,且这些数据彼此之间是没有联系的。

但是,当这些数据用来描述客观事物之间的关系时,就形成了有逻辑的数据流,这就构成了信息。"一条大河波浪宽"和"烟波浩渺三千三"就属于信息①。

如果能从信息中提炼出规律,并以规律指导我们的行动,就形成了知识。例如,"一条大河波浪宽"和"烟波浩渺三千三"这些都是信息,通过大量的实践,总结出规律:如果游泳技术不行,千万不要在这么宽的大河中游泳逞能,否则,易出人命。

所以,打油诗的后两句,"君若无技莫试水,逞能英雄到西天。"在行动上应用信息,就属于知识。

但在这首诗里,却没有体现出"智慧"来,基本上任何人都能看得懂,学得会。通常在很多故事情节中,得道的"高僧"通常是智慧的主角。下面这则小故事就包括这个桥段,蕴涵一些智慧成分:

---

① 在信息时代,数据已经不再专指传统意义上的"数字",而是泛指一切电子化的记录。在很多时候和场合,单纯孤立的数据并不多见,因此,对数据和信息的区分也不明显,通常是数据即信息,信息即数据。

有一位老和尚,身边聚集着一众虔诚的弟子。有一天,他嘱咐弟子们每人都去河对岸打柴。弟子们匆匆行至河边,个个目瞪口呆。只见河面波浪滚滚,烟波浩渺,宽过三千三。岸边大石有文曰:"河宽浪凶君止步,切莫踏波上西天"。

无奈河太宽,对岸打柴难实现,于是,弟子们都一筹莫展,只能无功而返。返回寺庙,弟子们均垂头丧气。唯有一小和尚,坦然面对老和尚。老和尚问其故,小和尚从怀中掏出一个苹果,递给老和尚说:"虽然我也过不了河,打不了柴,但见河边有棵苹果树,就顺手把树上唯一的苹果摘了回来。后来,这位小和尚就成为老和尚的衣钵传人。"

世间有走不完的路,也有过不了的河。过不了河,掉头而回,懂得放弃,是一种智慧,但这种智慧是浅层次的。真正的智慧,不是拘泥于"河宽浪凶君止步"这种常规的行为指导层面,而是顿悟地转换思维,不能白来河边走一遭,河对岸的柴打不着,就把岸边的苹果摘回来。

还有一个类似的案例。有一位具备数据思维的人,在路边喝咖啡,这时天下雨了。看着窗外雨纷纷,路人行匆匆,很多商家抱怨说,糟了! 今天的生意又完蛋了!

而这位具有数据思维的人,却善于把"危机"理解为"危险中有机会"。回到家,他认真研究了在下雨场景下,到底对多少人的生意有影响,然后通过数据的分析和精算,整理出了一款下雨险,再推销给这些容易受天气影响的商家。如果商家买了下雨险,下雨了就赔付商家;如果没有下雨,这个人就赚钱了。

这就是从一个数据思维慢慢地衍生出一个数据产品的过程。从这个例子也可以看出,做数据生意的人,通常是具备数据思维的人,绝非仅限于敲击键盘的算法工程师们。这也是本书强调的重要理念,大数据看重的是跨领域融通,多角度思辨。技术绝非大数据的唯一底色。

对于计算机科学而言(至少是现阶段),当前,随着大数据和人工智能技术的快速发展,计算机在采集、分析和处理数据方面的能力大大增强,从而获取信息,萃取知识的能力也不断得到提升,然而我们不能奢望计算机拥有智慧,至少现阶段不行。在现阶段,我们把智慧之外的部分,外包(Outsource)给计算机,而人将聚焦于属于自己独一无二的那部分智慧(见图 2-2)。

机器在承担人脑外包工作过程中体现出来的智能,就是人工智能(Artificial Intelligence,AI)。如果注意到 Artificial 还包含人造的、仿造的、非原产地的等含义,那么就会对人工智能有更深刻的理解。那人工智能与大数据有怎样的关系呢?

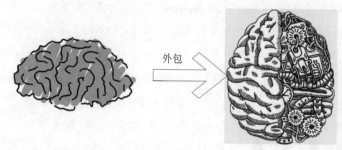

图 2-2　大脑的"外包"——人工智能

以当下 AI 的前沿——深度学习为例,深度学习的智能主要来自于大数据的"喂养",倘若没有海量数据的训练,就没有智能表现。因此有人说,现在的人工智能在严格意义上来讲,应该称为数据智能。由此我们可以看到,大数据和大智能密切相关。

人类社会正在发生一场数字化大迁徙。在互联网、物联网等构建的信息高速公路上,川流不息的海量数据扑面页来。当我们进入大数据时代后,遇到的最大难题,可能不是信息不足,而是信息过载;可能不是信息的触手可及,而是信息的孤岛问题。

信息孤岛(Information Island)指的是,多个信息源彼此独立存在,但无法互联互通,没有达成信息共享的一种状态。

数据的失速繁衍已经造成数据严重过剩。当超载的数据逼近人们所能处理、分析的极限值时,就有可能会成为一种负担。不断涌现的大数据让人类的无助感油然而生。"大数据时代"的提出,正是基于对当前社会数据超载现象的宏观描述。

那么,到底什么才是大数据呢? 2.2 节将尝试回答这个问题。

2.2　大数据的多版本定义

目前,大数据正处于方兴未艾、众说纷纭的时刻,学术界对"大数据"这一新兴的科学还没有明确的定义。就如同每个人心中都有一个自己的哈姆雷特一样,每个人对大数据感知不一样,故给出的定义也各有不同。

全球知名的信息技术(Information Technology,IT)研究与顾问咨询公司高德纳(Gartner)曾在其发布的白皮书中这样描述大数据:大数据是一种多样性的、海量的且增长率高的信息资产,其基于新的处理模式,产生的效果具有强大的决策力、洞察力,以及优化流程的能力。

野村综合研究所①研究员城田真琴在《大数据的冲击》一书中[4],给出了自己的理解:大数据,狭义上可以定义为,用现有一般技术难以管理的大量数据的集合。具体来说,就是指用当前在企业数据库占主流地位的关系数据库无法进行管理的、具有复杂结构的数据。从响应时间来说,大数据,是指那些由于数据量过于庞大而导致对数据的查询响应时间超过了最大的容忍范围的数据集合。

从高德纳的观点来看,大数据是一种信息资产;从城田真琴的观点来看,大数据是数据、技术、人才等的综合体。

世界著名咨询机构麦肯锡(McKinsey)公司于 2011 年 5 月发布《大数据:下一个创新、竞争和生产力的前沿》的技术报告中认为:

大数据,是指其大小超出了典型数据库软件的采集、储存、管理和分析等能力的数据集。

麦肯锡的这个定义是有意地带有主观性,因为对于"究竟多大才算大数据",其标准是可以调整的。

脸谱网(Facebook)工程总监帕瑞克豪(Parikh)则认为,"大数据"要有"大价值":"大数据的意义在于,能从数据中挖掘出对商业有价值的决策力和洞察力。如果不能充分地利用自己收集到的数据,那么空有一堆数据,即使体量再大,也不能称之为大数据。"

中国学者也对大数据的定义发表了自己的观点。例如,中国工程院院士李国杰从信息科学的角度出发,将大数据定义为[5]:

大数据,是指无法在可容忍的时间内用传统信息技术和软硬件工具对其进行感知、获取、管理、处理和服务的数据集合。

《数据之巅》作者涂子沛认为:大数据可以理解为,传统的源于测量的小数据加上现代的"大记录",这种大记录可以是文本、图片、音频和视频等,这和传统的测量完全不同。大数据之所以大,主要是因为现代的"大记录"不断扩大。

大数据时代对人类社会的影响可能是全方位的。这种影响究竟有多大,站在当下,我们还无法准确预测。美国哈佛大学定量社会学研究所主任盖瑞·金(Gary King)认为[6],大数据技术完全是一场数据革命(Big Data Revolution),这场革命对政府管理、学术研究和商业创新等都会带来颠覆式的变革。大数据技术触达的任何一个领域,都会引

---

① 野村综合研究所(NRI),前身是野村证券公司的调查部,日本著名的智库。

爆一场"哥白尼式革命①":它改变的不仅仅是信息的生产力,更是信息的生产关系。

众所周知,传统意义上的生产资料(Means of Production)的定义为:劳动者进行生产时所需要使用的资源或工具。一般可包括土地、厂房、机器设备、工具、原料等。而现在,大数据已经成为新时代的生产资料。在数字经济时代,大数据是"石油"。

2.3　大数据的经济地位

近年来,由于大数据蕴涵着巨大的经济、社会、科研价值,引起了科技界、企业界,甚至世界各国政府的高度重视。如果能有效利用大数据,必然会对社会经济和科学研究发展产生巨大的推动作用,同时也将孕育着前所未有的机遇。

2.3.1　新时代的生产资料

Intel Inside 通常译为"内有英特尔"。这是英特尔公司著名的广告语和全球市场行销计划核心,它对于计算机行业生态环境有极大的影响力。

生产力泛指人们进行生产的能力,是人改造自然、影响自然并使之适应社会需要的客观物质力量。生产力要素主要有三:劳动力、劳动资料和劳动对象。

2005 年,著名的 O'Reilly 公司断言:数据是下一个 Intel Inside,未来属于将数据转换成产品的公司和人。2013 年 GilPress 发表文章进一步表明,大数据让 IT 业成为一个新的 Intel Inside②。

世界著名咨询机构麦肯锡公司于 2011 年 5 月发布《大数据:下一个创新、竞争和生产力的前沿》报告。该报告指出,数据已经成为可以与物质资产和人力资本相提并论的重要生产要素。

阿里云 CTO 王坚博士也认为[7],数据变成了真正的生产资料,而且是人类第一次没有依赖大自然,单纯依靠自身行为获得的生产资料。事实上,早在 2014 年,阿里巴巴公司就规划了未来战略:从以控制为出发点的 IT 时代,走向以激活生产力为目的的数据技术(Data Technology,DT)时代。这不仅仅是技术的升级,更是思想意识的巨大变革。DT 时代和 IT 时代的显著差异,集中体现在对生产力的深层次影响上[8]。

大数据的影响越大,越如同水、电、土地等基础生产资料一样,以"润物细无声"的模式提升或改造传统行业。普适计算(Pervasive Computing)之父马克·韦泽(Mark

---

① "哥白尼式革命"意指彻底的变革。因为以往欧洲占绝对统治地位的地心说认为,地球是宇宙的中心,太阳等天体围绕地球运转。但哥白尼提出了日心说,彻底颠覆了传统的地心说思想,其变革意义非凡,影响巨大。

② GilPress. Big Data Will Make IT the New Intel Inside. http://whatsthebigdata.com/2012/05/13/big-data-will-make-it-the-new-intel-inside/.

Weiser)曾说过①：最高深的技术是那些令人无法察觉的技术，这些技术不停地把它们自己编织进日常生活，直到人无从发现为止。

目前，大数据技术正是这样的技术，它正潜移默化地渗透到人们的生活中来，它改变了人们认知世界的方式、重构了更加先进的生产关系。当互联网变成基础设施，数据成为新的生产资料，(云)计算变成公共服务，人工智能带来算法支撑，这四者的有机融合为新经济的诞生奠定了基础。

2.3.2 数据与第二经济

从信息产业角度来说，数据作为一种基础生产资料的形式存在，是新一代信息技术产业发展的非常坚实的垫脚石。这里新一代信息技术产业在本质上是构建于第三代计算平台上的信息产业之上的，主要是指移动互联网、社交网络、云计算和大数据等②。

信息化的本质在于，促进信息(数据)最大限度地流动、分享和创造性地使用。这个结论源于信息的一个独特属性——"信息(数据)的使用，存在边际收益递增性"，也就是说，信息(数据)只有在流动和分享中，才能产生价值。流动的范围越广，分享的人群越多，创造的价值就越大。我们知道，物理世界的石油用一份，就少一份。而创新时代的"石油"——数据会越用越多——数据会产生数据。

从社会经济角度来看，数据就是第二经济(Second Economy)的核心内涵。第二经济的概念是由美国经济学家、复杂性科学奠基人布莱恩·阿瑟(Brian Arthur)于2011年提出的。阿里云CTO王坚称为计算经济[7]，二者有相通之处。

阿瑟指出，数字化正在创造一种巨大的、虚拟的、自主的第二经济——由此带来了自工业革命以来最大的变化③，它不同于人们熟知的物理经济(第一经济)。许多曾经在人与人之间发生的业务流程，正以不可见的电子方式来执行，业务间"流淌"的都是数据。国民经济活动在数字化(信息化)的基础上，变得更加智能化，这是自电气革命100多年以来最大的变化。

第二经济(或称数字经济)并不生产任何有形的产品。它不会制造你在酒店睡的床，也

> 产量越大，新增1单位产出的成本越低，第 $n+1$ 吨钢的成本低于第 n 吨钢，第 $n+2$ 吨又低于第 $n+1$ 吨，以此类推。边际成本递减意味着边际收益递增。大数据属于边际收益递增的行列，对此你有何见解？

---

① 对应的英文：The most profound technologies are those that disappear. They weave themselves into the fabric of everyday life until they are indistinguishable from it。

② 第一代计算平台是指基于主机(Mainframe)的平台；第二代计算平台是指基于客户端/服务器(Client/Server)的平台。

③ W. Brian Arthur. McKinsey Quarterly. The second economy. https://www.mckinsey.com/business-functions/strategy-and-corporate-finance/our-insights/the-second-economy，2011.

不会在清晨给你送来一 咖啡。但它在数不清的经济活动中不停地运转：它帮助建筑师设计各种建筑；它跟踪销售和库存情况；它把货物从一个地方发送到另一个地方；它执行交易和办理银行业务；它控制生产设备；它进行设计运算；它为客户结账；它帮助诊断病情等。

阿瑟指出，第二经济是实体经济的"神经系统"。在上面描述的数字会话中，发生在实体经济中的某些事项(transaction)，被第二经济(敏捷的)感知到，然后它就会给出一个适当的反馈。例如，当一辆卡车通过一个射频识别传感器传送它的载货信息，或人在机场登记检票时，都会触发一系列计算行为，"计算"就如同"水电"等能源一样，作为基础设施，驱动实体经济，并采取适当的行动。

正是这些感知、这些计算，以及这些能做出适当反应的庞大全球数字网络，构建起第二经济的神经网络层。现在，整个社会在数字感知的驱动下正在发展成为一种突触异常丰富的"神经系统"。

正所谓"英雄所见略同"。与"第二经济"表达的有关"神经系统"的观点类似，著名的摄影师和出版人里克·斯莫兰(Rick Smolan)等人[9]在其著作《大数据的人性面孔》(*The Human Face of Big Data*)一书中，也对大数据给出了一个拟人化的哲学定义：大数据正帮助地球建构神经系统，在这个系统中，我们(人类)不过是其中一种传感器而已。

诺贝尔经济学奖得主哈耶克曾指出，计划经济的最大问题是信息的获取，计划者所需要的信息分散在经济的各个角落而无法及时得到感知和采集，因此，他们像盲人和聋人一样，不可能有效地配置资源。而(大数据)技术的崇尚者却指出：哈耶克的担忧不再必要。时过境迁，无所不在的数据采集与分析成为可能，经济计划者拥有他们所需要的一切信息。因此，大数据塑造了时代，也颠覆了很多"游戏"规则①。处于学术前沿的大数据研究，各种学术观点彼此交锋，精彩纷呈，很多观点或有商榷之处，然而不可否认的是，在当前的时代，数据就是资源，数据就是经济！在数据为王的大数据时代，我们需要完成观念的重大转变。

有人认为，大数据让感知、预判和计划都成为可能，因此需要对计划经济和市场经济进行重新定义，市场经济不一定会比计划经济更好。你认可这个观点吗？为什么？

2.4 各方位的重视

在这样一个信息爆炸、数据井喷的时代，数据的采集、存储、组织管理及合理利用，涉及人们生活、工作的方方面面，也吸引了各方位的重视。

---

① 许小年.商业的本质和互联网[M].北京：机械工业出版社，2020。

2.4.1　来自学术界的青睐

在学术界,《自然》和《科学》等国际顶级学术刊物相继出版专刊来专门探讨大数据带来的机遇和调整。2008 年 9 月,《自然》专门就此问题推出特刊 *Big Data*①,以社论(大数据：PB 时代的科学)及评议等文章形式进行了专门的讨论,从互联网技术、超级计算、网络经济学、生物医药、环境科学等多个方面介绍了大数据带来的巨大挑战(见图 2-3)。

图 2-3　有关大数据的学术刊物

在 2011 年 2 月出版的《科学》期刊中,《科学》联合其姊妹刊 *Science Signaling*、*Science Translational Medicine*、*Science Careers* 推出了 *Dealing with data*(处理数据)专刊②。

Dealing with data 专题讨论了与科研数据迅速增长有关的各种问题,专刊中的文章既强调了数据洪流所带来的挑战,也强调了如果人们能够更好地组织和访问这些海量数据,那么就能抓住挑战所带来的机遇。2013 年,DeepMind 将深度学习和强化学习两者的精髓合二为一,提出了深度增强学习。2016 年,发生了 AlphaGo 战胜李世石的案例,这是大数据和深度学习合作的典范之作。

在中国,大数据的学术研究与科学应用也得到高度重视。为在大数据时代抢得先机,保持我国在科技、经济等多个方面立于不败之地,中国计算机学会于 2012 年 6 月成立了大数据专家委员会。2013 年 12 月,中国计算机学会大数据专家委员会发布了《中国大数据技术与产业发展白皮书(2013)》,这在一定程度上反映了我国大数据学术界和产

DeepMind 是一家英国的人工智能公司,创建于 2010 年,在 2014 年被谷歌公司收购。该公司开发了大名鼎鼎的围棋软件 AlphaGo。

① 　Editor's Summary. Big data：science in the petabyte era.http://www.nature.com/nature/journal/v455/n7209/edsumm/e080904-01.html.

② 　Special Online Collection：Dealing with Data. http://www.sciencemag.org/site/special/data/.

业界的共识。

《资治通鉴》有云：“为治之要，莫先于用人”。大数据时代，利用大数据的企业和用好大数据的人才，是重中之重。基于市场的强大需求，对大数据相关专业的培养也提出了很大的挑战。我国高校纷纷开设数据科学相关的专业，根据教育部公布的数据统计，截止到 2020 年 3 月，已有 635 所高校开设大数据本科专业，682 所高校开设大数据专科专业，中国高校数据科学相关专业新增开设趋势如图 2-4 所示。

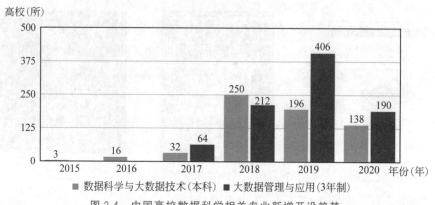

图 2-4　中国高校数据科学相关专业新增开设趋势

数据科学的使命是什么？把万事万物的发展轨迹和状态记录下来，并将它们转化为可用的数据，然后用分类、聚类等算法建立相互的联系，帮助人类看到事物的完整面貌，更好地理解事物的本质，把握其潜在的规律，预测其未来的趋势，让数据服务于决策和创新[10]。本书后续章节的内容就是按照这个逻辑展开的。

2.4.2　来自政府层面的认可

在政府层面，大数据也得到了高度重视。2012 年 3 月，美国政府宣布启动大数据研究和发展计划(Big Data Research and Development Initiative)。在这个计划里，7 个联邦政府部门和机构①宣布投资 2 亿美元，提高从大量数字数据中访问、组织、收集发现信息的工具和技术水平。

这是继 1993 年美国宣布实施国家信息基础设施(National Information Infrastructure,

---

① 包括美国国防部(DOD)、美国国土安全部(DHS)、美国能源部基础能源科学办公室(BES)、美国能源部核聚变能源科学办公室(FES)、美国能源部高能物理办公室(HEP)、美国能源部核物理办公室(NP)，以及美国能源部科学和技术信息办公室(OSTI)等。

NII)计划后的又一次重大科技发展部署。NII 的成功部署,使得信息高速公路(Information Highway)为全世界共享海量信息资源提供了方便,极大地推动了相关科技的发展。

美国政府发表题为 *Big Data is a Big Deal*(大数据是大事)的研究报告。该报告认为,大数据是未来的新石油[①],同时,该报告也呼吁"通过提高我们从大型复杂的数字数据集中提取知识和观点的能力,承诺帮助加快在科学与工程中的步伐,加强国家安全,并改变教学研究",该报告将对大数据的研究上升至国家意志。由此可以推断,大数据对未来的科技、经济、生活及文化等诸多方面的发展必将带来深远的影响。

高度重视大数据,中国政府也不甘落后,亦从战略发展的角度,宏观规划大数据未来的发展方向。2015 年 8 月,国务院以国发〔2015〕50 号印发《促进大数据发展行动纲要》(简称《纲要》)。《纲要》明确提出了促进大数据发展的三大重点任务和十项工程。三大重点任务之首即加快政府数据开放共享,推动资源整合;十项工程前四大工程均涉及政府信息,即政府数据资源共享开放工程、国家大数据资源统筹发展工程、政府治理大数据工程、公共服务大数据工程。

2020 年 4 月,中国政府正式发布了《关于构建更加完善的要素市场化配置体制机制的意见》,明确指出,数据是一种新型的生产要素,像土地、劳动力、资本、技术一样重要,要求加快培育数据要素市场。

总之,大数据能在政治、文化和经济等方面产生深远的影响,可以帮助人们开启"循数管理"的模式(类似于黄仁宇先生所言的数目字管理),也是当下"大社会"的集中体现。

> 数目字管理的大致内涵是指整个社会资源均可如实计算,整合进一个记录系统,并可以自由流动和交换。

2.4.3 来自工商业的追捧

回想一下,其实在生物信息学、物理科学、空间科学等基础研究领域,很早就生成和使用了 PB 级别的大数据,却始终没能引发大数据浪潮。倒是这几年大数据非常火热,很多名不见经传的公司,言出必称"大数据",这是为何呢?

中国有句古话:"天下熙熙,皆为利来;天下攘攘,皆为利往"。大数据,如今之所以能引起各方重视,就在于它蕴藏着巨大的经济利益!

可以毫不夸张地说,对商业利益的追逐才是当前推动大数据发展的最主要动力,没

> 技术和商业相互塑造。技术改变了人们的生活,改变了商业模式和企业形态。商业逐利本质,又推动技术进一步发展和迭代。

---

① Tom Kalil. Big Data is a Big Deal. White House. https://www.whitehouse.gov/blog/2012/03/29/ big-data-big-deal.

有之一。在很大程度上,目前大数据的科学价值不过是商业利益挟裹而来的副产品。

国外的国际商业机器公司(IBM)、谷歌(Google)、亚马逊(Amazon)、脸谱网(Facebook)、eBay等跨国巨头公司,国内的阿里巴巴、腾讯、百度、今日头条等互联网公司,无不在商业利益的驱动下极大地推动了大数据处理技术的发展。

虽然很多公司都在从事大数据运作,但鉴于它们投入的程度不同,从事大数据行业的商业公司大致分为以下4种类型。

(1) 第一类公司,以Google、Amazon、Facebook及后起之秀领英(LinkedIn)等为代表。这类公司的特征是,既有大数据,又具备大数据思维。商业利益的驱使,加之积极解决数据分析中遇到的问题,不断创新,解决实际问题,履行波普尔"科学始于问题"的理念,使得这类公司成为托起大数据研究的"脊梁"。

(2) 第二类公司,以埃森哲(Accenture)、IBM、甲骨文(Oracle)等数据库软件公司及大数据平台公司Hortonworks和Cloudera(这两家公司是大数据框架Hadoop的主要维护者,2018年11月合并)等为代表。这类公司的特征是,没有大数据,但具备大数据思维和技术,知道如何帮助有大数据的公司来利用它。这类公司可视为大数据专业服务公司,在社会化分工日趋细分的今天,这类公司是非常有市场的。

(3) 第三类公司,以金融机构、电信行业、政府机构等为代表。它们的特征是,手握大数据,但没有大数据思维或技术,不知道大数据有何用,如何用,以至于大数据在某种程度上成为其负资产。这类公司,就有点像"守着金矿不会采"的财主,既不相信专业的外来人,又没有能干的自家人。

(4) 还有一类公司也不容小觑,就是如国际数据公司(International Data Corporation,IDC)、麦肯锡(McKinsey)、高德纳(Gartner)等著名信息类咨询公司。它们是大数据的吹鼓手,在大数据热火朝天的气氛渲染上,它们扮演着极其"浓墨重彩"的烘托作用,很多有关大数据的报告都是它们发布的。

下面有个关于大咨询公司麦肯锡的搞笑段子,可从侧面了解一下西方国家咨询公司所扮演的角色:

有一天,一位牧羊人正赶着一群羊走在草原上,迎面碰到一个年轻人,对他说:"先生,我可以为您服务,我可以告诉您这群羊总共有几只,作为酬劳您需要给我一只羊。"

牧羊人还未来得及作答。年轻人就用卫星定位系统,连接到NASA(美国国家航空航天局)的内部网,调用低轨卫星,然后把卫星遥感成像的图片用Google的图像识别技术进行分析,数十分钟过后,年轻人告诉牧羊人,一共有 290 只羊。说完,抱起一只羊就要走。

这时牧羊人赶紧拦住这位年轻人,说:"年轻人,如果我能说出你是哪家公司的,能否把羊还给我?"

"可以。"年轻人点头答应了。

牧羊人说:"你是麦肯锡公司的。"

年轻人很惊讶:"您是怎么知道的?"

牧羊人笑了:"因为你具备该公司咨询人员的所有特征:第一,你不请自来;第二,你告诉我的结果,原本我就知道;第三,你对我们这行理解不深,却又自诩专家——你抱走的不是羊,而是我家的牧羊犬!"

上述笑话虽有"调侃"咨询公司之嫌,但一般来说,由于它们的高度专业性,咨询公司,特别是国际性大咨询公司对行业未来的洞察,远非一般公司所能比拟的。因此,它们对行业的深刻见解,依然值得人们尊重并引起重视。

2.5　大数据内涵——岂止于大

下面也来讨论一下"大数据"的内涵。对于大数据,我们首先要纠正一个容易犯错的概念,这就是"大数据"就等于"数据大",其实不然,大数据岂止于大(Big is more than just big)。

那么,大数据除了"大",还具备什么内涵与特征呢? 判断某些数据是否为大数据,依据何在呢? 其实,衡量大数据的标准就是业界广为接受的 4V 特征(4 个以 V 为首字母的英文描述)。

(1) Volume(体量大)。

(2) Variety(形态多)。

(3) Velocity(速度快)。

(4) Value(价值高但密度很低)。

在这个 4V 特征界定下,大数据应用的本质是类似沙里淘金、大海捞针、废品利用的过程,大数据并不直接意味大价值,实际上是指经过分析发掘后可以释放潜在的价值。

事实上,关于大数据的特征有很多论述,远远不止 4V 一种论断。与 4V 特征相近的一种说法是 4V1O。这里的 O 指的是"在线(Online)"。这个观点和阿里巴巴的王坚博士的观点颇为类似。

2011 年 6 月,国际数据公司(IDC)发表了《*Extracting Value from Chaos*(从混沌中抽取价值)》的报告,指出[①]:

大数据技术描述了新一代的技术和架构,旨在通过高速地(Velocity)采集、发现和(或)分析,从超大容量(Volume)的、模态各异的(Variety)数据中,以非常经济的方式提取价值(Value)。

也就是说,在前面提到的 3V 特征的基础上,IDC 给大数据添加了一个新的 V 特征——Value(价值),合计并称 4V 特征,流传甚广,广为接受。这 4V 特征就像 4 张滤网,可以过滤掉那些"伪"大数据。下面详细讨论 4V 特征。

2.5.1 大数据之"大"有不同

我们生活在一个数字化、信息化、网络大爆炸的时代,大数据已经"风姿绰约"地出现在我们的面前。我们用下面的几个案例来说明大数据的第一个特征——"大"。

2011 年,美国南加州大学科学家马丁·希尔伯特(Martin Hilbert)和西班牙加泰罗尼亚开放大学的普里西拉·洛佩兹(Priscilla Lopez)教授联合在著名学术期刊《科学》撰文表明[11],从 20 世纪 80 年代开始,每隔 40 个月世界上储存的人均科技信息量就会翻倍。

希尔伯特等人认为,2002 年应被视为数字时代的起点(the beginning of the "digital age",数字时代的元年),因为那一年数字技术的全球数据存储量首次超过模拟技术(指录像带等),参见图 2-5。

科学家们追踪了 1986—2007 年间的大约 60 种模拟和数字技术。分别计算了存储、通信和计算数据量。2007 年,全球数据存储能力经压缩后为 2.9×10^{20} B,通信数据量为 2×10^{21} B,通用计算机每秒执行 6.4×10^{18} 条指令。

信息技术的发展导致数据海量激增(见图 2-6)。2020 年 5 月 IDC 发布报告称,到 2025 年,数据量将会增加至 175ZB[②]。ZB 是一个什么概念?现在一般普通的个人计算机的硬盘大小都以 GB,或者 TB 为单位了。1GB 的容量可以储存约 5.36 亿个汉字(一个汉

---

① 英文原文:Big data technologies describe a new generation of technologies and architectures,designed to economically extract value from very large volumes of a wide variety of data,by enabling high-velocity capture,discovery,and/or analysis。

② Tom Coughlin. 175 Zettabytes By 2025 . Forbes. https://www.forbes.com/sites/tomcoughlin/2018/11/27/175-zettabytes-by-2025/.

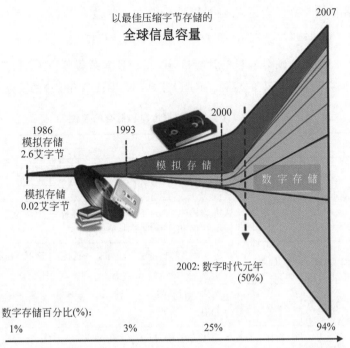

图 2-5　数字时代的元年——2002 年

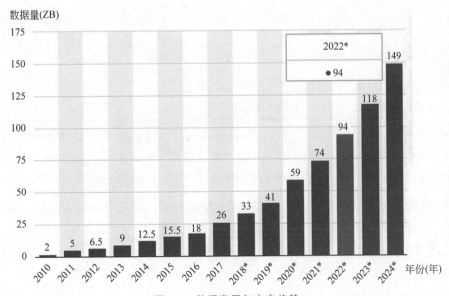

图 2-6　数据发展与未来趋势

字占 2B),或者存储 170 张普通数码相机拍摄的高清晰度照片,亦或者可以存储 300 首 MP3 歌曲(每首歌曲约合 4MB)。而 $1ZB=1024EB=1024^2PB=1024^3TB=1024^4GB$。

如果你有一台 1TB 硬盘容量的计算机,那么 1ZB 大致等于 10 亿台这样的计算机容量,其大小远远超出了一般人的想象。KB、MB、GB、TB、EB 和 ZB 的关系见表 2-2。

表 2-2　计算机的数据运算和储存的单位

单　位	大小	含　义
bit(b)比特	1 或 0	比特是二进制数的简称,计算机用二进制代码(0 或 1)来存储和处理数据
Byte(B),字节	8 比特	计算机编码(如 ASCII 码)中字节存储一个英文字母或数字,这是计算机存储和计算的基本单位
Kilobyte(KB),千字节	$2^{10}B$[①]	Kilo 源于希腊语"千"。通常,一页五号字排版杂志的内容大概为 1KB
Megabyte(MB),兆字节	$2^{20}B$	Mega 源于希腊语"大"。莎士比亚全集大概 5MB,一首流行歌曲大约 4MB
Gigabyte(GB),吉字节	$2^{30}B$	Giga 源于希腊语"巨大"。两个小时左右的高清电影为 1GB~2GB
Terabyte(TB),太字节	$2^{40}B$	Tera 源于希腊语"庞然大物"。美国国会图书馆的所有图书数字化后的容量总和约为 15TB
Petabyte(PB),拍字节	$2^{50}B$	美国邮政投递的所有信件总和约 5PB,Google 每小时处理的数据为 1PB
Exabyte(EB),艾字节	$2^{60}B$	约 100 亿本《读者》杂志的容量
Zettabyte(ZB),泽字节	$2^{70}B$	现在所有信息总量约 1.2ZB
Yottabyte(YB),尧字节	$2^{80}B$	目前无法想象

计算机的数据运算和储存单位都是字节(byte,1byte=8bit),1KB(Kilobyte)等于 1024B,即千字节。除此之外,还有更高的单位 MB(Megabyte,兆字节),GB(Gigabyte,吉字节),TB(Trillionbyte,太字节)、PB(Petbyte,拍字节)、EB(Exabyte,艾字节),ZB(Zettabyte,泽字节)和 YB(Yottabyte,尧字节)。每一级之间的换算关系是 1024(210)。

虽然通过各种传媒的浸染,"大数据"这个专业术语已经耳熟能详,但这个词的内涵远非"大"加上"数据"这么简单。大数据的确体现出来数量"大"的特征。但"大"这个概念争议颇多。到底多"大"才能称为"大"呢?

[①] $2^{10}=1024$,有的文献(如《经济学人》杂志)为了描述方面,直接用 1000 代替。

早在刚刚迈入 21 世纪时,一般认为"太字节(TB)"的数据就是大数据,但当时拥有 TB 级别的企业或单位并不多,天文学、高能物理和生物信息学科研单位,可以仅从容量上满足大数据的内涵。

然而,如果仅仅把大数据的标准定在互联网企业,认为只有如谷歌、百度、阿里巴巴、亚马逊等互联网大户,才会有大数据,那就严重狭隘化大数据的内涵了。因为容量仅仅是数据的表象,数据的价值才是根本。

涂子沛认为[12],不应仅仅追寻大数据单纯意义上的"大"与"小",探索大数据真正的意义在于,通过对数据的整合、分析和开放,发现新知识,创造新价值,从而为社会、企业带来"大知识""大科技""大利润"和"大智能"。

近年来,我国提倡新基建,其中就包括 5G 基站建设。5G 新一代通信技术,能万物互联、赋能未来。5G 将对大数据产生颠覆性的变化,5G 推动数据量急剧上升,产生质的飞跃。5G 增强移动宽带、大规模物联网、超高可靠低时延通信,这三方面都会使数据量急剧增加(见图 2-7),这将对大数据提供了更加广阔的来源,也对大数据技术提出了更高的要求。

> 新基建包括 5G 基站建设、特高压、城际高速铁路和城市轨道交通、新能源汽车充电桩、大数据中心、人工智能、工业互联网七大领域。

图 2-7　5G 与大数据

2.5.2　大数据之唯"快"不破

"天下武功,无坚不破,唯快不破",是出自周星驰电影《功夫》中的一句铿锵有力的台词,其最早源于《拳经·捷要篇》:"式无不破,唯快不破"。这句话诠释了在功夫领域,唯有速度够快,才能破解一切招数。

目前,互联网公司成功的一个关键要素也讲究一个"快"字。这种"唯快不破"的战术从小米公司的快速崛起,到看似固若金汤的移动支付——支付宝,在 2014 年被微信支付刷屏的"春节红包",以珍珠港式"偷袭"成功,无不体现出一个"快"字来。"快"似乎已是目前互联网公司商业致胜的不二法则。

那么,大数据也要讲究一个"快"字,这又从何说起呢?中国工程院院士李国杰等人认为[5],大数据往往以数据流的形式动态、快速地产生,具有很强的时效性,用户只有把握好对数据流的掌控才能有效地利用这些数据。大数据的快速性反映在数据的快速产生及数据变更的频率上。大数据的"快"体现在如下 4 个方面。

1. 数据生产速度快

工业革命发生后,以文字为载体的信息量大约每十年翻一番;到 1970 年以后,信息量大约每三年就翻一番;再到 1980 年以来,全球信息总量每 24 个月就可以翻一番。当今,自 2002 年数字时代开启以来,数据呈现爆炸性增长。

谷歌公司前 CEO 埃里克·施密特(Eric Schmidt)有个更有煽动性的说法:"自从人类文明诞生以来,到数字时代以前,人类一共产生了 5EB 的数据,而现在,每两天人类就能产生 5EB 的数据。"

施密特之所以能这样说,还是有其一定依据的。我们知道,文明延续的最佳载体或许就是图书了(其载体不限于纸张之上,还包括雕刻在龟骨上、水泥板上、竹简上的)。谷歌公司自 2004 年开始,就寻求与图书馆和出版商合作,欲打造世界上最大的数字图书馆。为达成此项目的,谷歌公司大量扫描图书,扫描的范围涵盖从古至今。而所有被扫描的图书被数字化后,其总量是可以量化的,因此,施密特才敢"断言",到数字时代以前,人类一共产生了 5EB 的数据。

2. 时间即金钱,处理数据必须快

对于生成快的大数据,就需要处理快。数据自身的状态与价值,也往往随时空变化而发生演变。大数据的时间和价值之间的关系可以比拟为一个分数,时间在分母上,分母越小,单位价值就越大。面对同样大的数据矿山,"挖矿"效率就是竞争的优势。

在互联网行业，"快"就更能体现出价值。例如，美国著名购物网站 Shopzilla[①]，在全球拥有超过 4000 万消费者用户群，是网络交易领域的佼佼者。Shopzilla 每个月通过它的终端网站和分支网络将消费者与来自成千上万零售商的过亿种产品连接起来。

为了提供最新的产品和价格目录，Shopzilla 将它的目录平台从一个传统的关系数据库移至 VoltDB（这是一个针对实时大数据的专业化开源数据库，见图 2-8）。借助于 VoltDB，Shopzilla 显著提高了其处理数据的速度，为客户提供接近于实时的信息，并对向 Shopzilla 按点击率支付报酬的成千上万零售商，传递更具针对性的线索来增长收入。当 Shopzilla 把自己的官网加载用时，从 7s 减少到 2s 后，其页面浏览量增加了 25％，销售额增加了 7％～12％。

图 2-8　实时大数据库——VoltDB

用户单击网页上商品的行为，就是商家非常重视的行为数据，因为单击行为意味着潜在的购买行为，只有用户购买，商家才有利可图。然而，用户的耐心非常有限，延迟 3s 以上，用户就很可能关闭这个页面。在这个时候，真正体现了"时间就是金钱"。

怎么办？商家只能快速响应用户的点击行为。当海量的点击数据扑面而来，该如何响应呢？如果说 Shopzilla 是利用大数据技术的"模范生"，那只能算是小学的模范生，真正大学毕业的"模范生"还要当属中国公司阿里巴巴。"小巫见大巫"用到这里，很合适。

据媒体报道，2019 年的"双十一"电商节促销上，阿里巴巴公司的核心系统 100％都运行在阿里云的服务器上，每秒订单创建峰值 54.4 万笔；自研数据库 POLARDB 和 OceanBase 分别处理每秒 8700 万笔、6100 万笔峰值请求；实时计算处理峰值每秒 25.5 亿笔；计算平台单日处理 970PB 数据、12 亿笔物流智能化。这种大规模数据的快速处理能力，放眼全世界，都可以笑傲江湖。2020 年的"双十一"，阿里巴巴公司再创辉煌，每秒订单创建峰值 58.3 万笔（阿里巴巴公司历年每秒交易数，如图 2-9 所示）。

---

① 　Shopzilla 是美国著名的比较购物网站，成立于 1996 年，在用户评级和搜索结果反馈领域中遥遥领先。Shopzilla 旨在帮助消费者能更容易地在互联网上进行比价购物，类似于"一淘网""什么值得买"等。

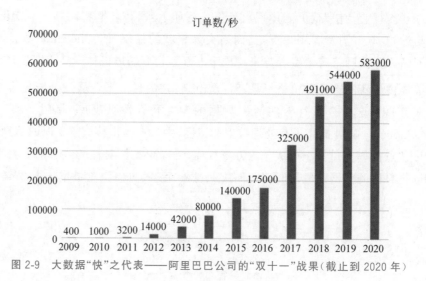

图 2-9 大数据"快"之代表——阿里巴巴公司的"双十一"战果(截止到 2020 年)

3. 数据价值会随时间流逝而折旧

以当前时间为原点,最近一天的数据,比最近一个月的数据可能更有价值。在更普遍意义上,这就是数据有关时间成本的问题:等量数据在不同时间点上价值不等。

在数据处理行业,有句名言,"时间就是数据的敌人(Time is the enemy of data)"。这句话确有其道理,在当前的大数据时代,最关键的技术问题可能并不是如何拥有并存储大数据,而是如何最快处理大数据,包括在线事务和实时分析。

VoltDB 的设计人员发明了一个新的概念——数据连续性(Data Continuum),其含义表明,数据存在于一个连续时间轴上[①],每一个数据项都有它的年龄,数据的年龄与价值高度相关。

假如,如果某用户在 2020 年 11 月 11 日于北京网购了一台 iPad,刚开始,个人的交易信息(数据项)对于用户本人、苹果公司(假设是向苹果公司购买的)和物流公司(如顺丰快速)都非常有价值。

如果时间过去了一周,苹果公司则可能汇集类似交易,放在一起集成分析,据此进行区域交易调整或者进行仓库管理——无货则调货,积压则促销等。由于货送到了,用户

---

① Scott Jarr. The Big Data Value Continuum. https://voltdb.com/blog/big-data-value-continuum-part-1.

本人和物流公司可能就不会再关注交易数据了(如发货地址、途中地址、目的地等)。也就是说,这个交易数据的个体性价值已经大打折扣,但依然有整体价值。

如果时间又过去 6 个月,对于"2020 年 11 月 11 日于北京网购了一台 iPad"这条交易数据,用户可能已经基本无感。但是,汇集无数条诸如此类的交易数据,对苹果公司却意义重大。在这半年内,依据这些大数据,苹果公司可以向用户推荐 iPad 的生态系统中的其他产品(如苹果 App、音乐、耳机等),也可以通过汇集大量类似销售数据的分析挖掘,确定未来的产品战略布局。

也就是说,当数据"年轻"(最近)时,主要关注的是数据个体的价值,随着时间的流逝,单个数据的价值开始下降,而数据的汇集价值开始逐渐上升,数据越"年长"(久远),数据集合价值越突出,如图 2-10 所示。

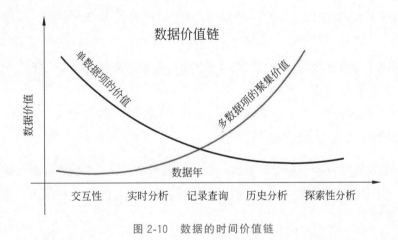

图 2-10　数据的时间价值链

4. 数据也有时效性

同金融和新闻行业一样,数据对时效性要求也比较高。新闻可视为呈现给读者阅读的新鲜数据。美国《纽约时报》(*The New York Times*)前副主编罗伯特·赖斯特(Robert Lester)说:"如果第二次世界大战之前,新闻界普遍认为,最没有生命力的东西莫过于昨天的报纸的话,那么今天的看法:最没有生命力的东西莫过于几个小时以前发生的新闻。"

到了今天,最有价值的新闻再难与"几个小时之前"这样的字眼有关。因为有了微博、微信朋友圈等自媒体平台,"迟到了"几分钟甚至几秒钟,一条新闻或许就会成为"旧闻",没有新闻价值可言了。

再如,普通小散户所用的炒股软件,通常免费版的居多。但免费也是有成本的——它是要付出时间成本的——证券交易所呈现给免费版用户的数据通常有十几秒的延迟,这十几秒就可能是快速猎食者"收割"散户的机会。在华尔街,很多金融机构使用高频系统交易(High-Frequency Trading,HFT)系统[①],大概有 70%的成交量来自计算机算法完成交易,这类高频系统能发现微秒级的交易机会。

在物联网中,很多传感器发出的数据,几秒之后就可能完全失去意义。因此,如果不能即时处理,几秒之后,即使收集到数据也无价值。2011 年 3 月 11 日,当地时间 14 时 46 分,日本东北部海域发生里氏 9.0 级地震。美国国家海洋和大气管理局(National Oceanic and Atmospheric Administration,NOAA)的超级计算机能够在日本地震后 9 分钟计算出海啸的可能性,但这 9 分钟的延迟,对于瞬间就被海浪吞噬的生命来说还是太长了。

上面讨论了大数据之所以要"快"的 4 个理由,下面再来看大数据的下一个特征——多样性。

2.5.3　大数据之五彩缤"纷"

英国作家克里斯托弗·伯尼(Christopher Burney,1917—1980 年),第二次世界大战时期,在被关押于德军战俘营的 18 个月期间,他曾写下一句名言:"多样性不是生活的调味品,而是生活的本质[②]"。

如前讨论,体量大和速度快是大数据的两个重要特征,但却不是最本质的特征。它最本质的特征是多样性。在给大数据的获取及存储带来了巨大挑战的同时,大数据的多样性才是数据它最本质的特征。

而大数据时代,一切都发生了变化。大数据的数据构成十之七八为非结构化数据(No-SQL[③]),非结构化数据形式多样,难以用某种统一的模式来处理这些数据。

---

① 美国证券交易委员会(SEC)对高频交易系统,给出了 5 个特性:①使用超高速的复杂计算机系统下单;②使用 co-location 和直连交易所的数据通道;③平均每次持仓时间极短;④大量发送和取消委托订单;⑤收盘时基本保持平仓(不持仓过夜)。

② 对应的英文:Variety is not the spice of life. It is the very stuff of it.

③ No-SQL 一词最早出现于 1998 年,是 Carlo Strozzi 开发的一个轻量、开源、不提供 SQL 功能的关系数据库。现在泛指 Not Only SQL,是对不同于传统的关系数据库的数据库管理系统的统称。

数据的多样性包括两方面的内涵,即数据类型多和数据来源多。大数据之所以表现出多样性(variety)这个 V 特征,是多方面因素决定的。

(1) 大数据的多样性是由数据丰富度决定的,即数据类型存在多样性。

随着 Web 2.0 的到来[①],社交网络蓬勃发展,大量的用户生成内容(User Generated Content,UGC)、音频、文本信息、视频、图片等各种类型的非结构化数据出现了。另外,物联网的数据量更大,加上移动互联网能更准确、更快地收集用户信息(位置、生活信息等数据)。

目前,越来越多的数据可以在线(Online),不仅仅变得更加可用,而且也正在变得更加容易被计算机所理解。大数据发展过程中所增加的大部分数据,或在自然环境下产生,或是来自于传感器,因此其格式通常是不受控的。因此,此类数据通常不能为传统关系数据库所用(或很好地利用),于是出现了非结构化数据。

常见的非结构化数据包括但不限于常见的电子邮件、PDF 文档、Word 文档、视频、图片、在 Facebook(脸谱网)发个人动态和在微博上留言等。在现代互联网数据中,非结构化数据呈现出大幅增长的趋势,可以预见的未来,非结构化数据的比例,将会达到的 80% 甚至更高。

这些占绝大多数的非结构化数据,由于缺乏相应的规整关系模型,难以放进关系数据库之中。因此,需要全新的技术来加以处理。有关大数据的非结构化数据技术,读者可以在 https://hostingdata.co.uk/nosql-database/ 网站上访问,截至 2021 年 5 月,该网站列举了 225 种非结构化数据库,如图 2-11 所示。

(2) 数据的多样性还表现在数据来源多和用途多。

拿卫生保健数据举例,至少包含药理学科研数据、临床数据、个人行为和情感数据、就诊/索赔记录和开销数据四类。又如交通领域,交通智能化分析平台数据源来自路网摄像头/传感器、地面公交、轨道交通、出租车以及省际客运、旅游、化危运输、停车、租车等运输行业,甚至包括还有问卷调查和 GIS 数据。

---

① 这里简要介绍 Web 几个版本的含义。

Web 1.0 服务商产生内容,用户被动接受。如早期新浪发布新闻时,用户只能浏览。信息只能单项发布。

Web 2.0 用户在服务商自己的平台上生成内容。如用户可以借助新浪博客或微博,发微博,而读者可以边浏览边评论,能参与其中。信息开始交互流动。

Web 3.0 目前发展中,概念不甚明确。较多人把语义网(Semantic Web,http://www.w3.org/2001/sw/)看作 Web 3.0。一种可能的方式是,基于对用户行为的理解,对网络数据的个性化筛选,让信息主动找到人。

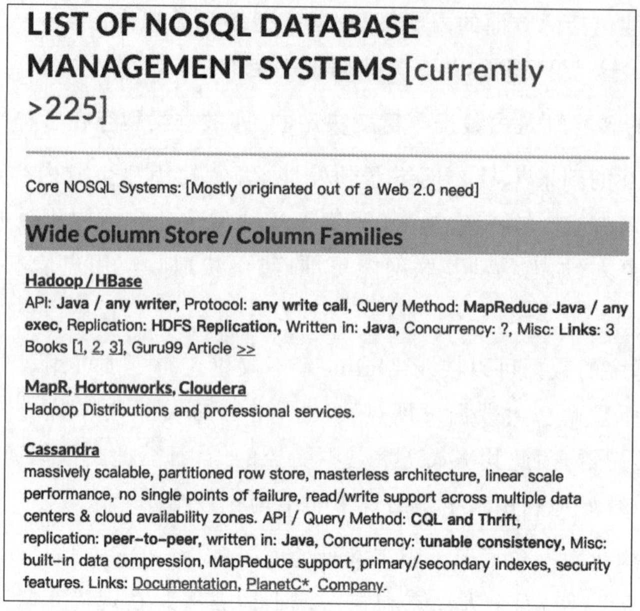

LIST OF NOSQL DATABASE MANAGEMENT SYSTEMS [currently >225]

Core NOSQL Systems: [Mostly originated out of a Web 2.0 need]

Wide Column Store / Column Families

Hadoop / HBase
API: **Java / any writer**, Protocol: **any write call**, Query Method: **MapReduce Java / any exec**, Replication: **HDFS Replication**, Written in: **Java**, Concurrency: **?**, Misc: **Links:** 3 Books [1, 2, 3], Guru99 Article >>

MapR, Hortonworks, Cloudera
Hadoop Distributions and professional services.

Cassandra
massively scalable, partitioned row store, masterless architecture, linear scale performance, no single points of failure, read/write support across multiple data centers & cloud availability zones. API / Query Method: **CQL and Thrift**, replication: **peer-to-peer**, written in: **Java**, Concurrency: **tunable consistency**, Misc: built-in data compression, MapReduce support, primary/secondary indexes, security features. Links: Documentation, PlanetC*, Company.

图 2-11　非结构化数据库网站

(3) 大数据的多样性,还体现在数据之间的联系性强,交互频繁,彼此间的关联多。

因为数据显性或隐性的网络化存在,使得数据之间的复杂关联无所不在。为了从数据中抽取出有意义的知识,就必须将不同来源的数据连接起来,从而形成深入的数据洞察(Insight)。

挖掘数据之间的关联性非常重要,关联性是很多知识的基础。前文中我们已经提到,当数据用来描述客观事物间的关联,形成有逻辑的数据流时,就构成了信息。而从信息中提炼出规律,并以规律指导我们的行动,就形成了知识。

《大数据时代:生活、工作与思维的大变革》的作者舍恩伯格教授认为[13],关联性是预测的关键。即使在小数据时代,关联性也是非常有用的。而在大数据时代的背景下,关联性更是大放异彩。

众所周知,做任何事情都要有一个目的。现在我们"辛辛苦苦"地研究大数据,究竟目的何在呢? 大数据有大价值。下面我们就讨论大数据的另外一个特征——价值。

2.5.4　大数据之价"值"无限

宋朝皇帝宋真宗赵恒(968—1022 年)在位 25 年,有关他的奇闻轶事不多,因此他给后世留下的印象较为模糊。但宋真宗在其《劝学文》中一句"书中自有黄金屋,书中自有颜如玉"可谓家喻户晓。

这句话虽有"心灵鸡汤"之嫌,但在大数据时代的今天,如果将宋真宗名句中的"书"改成大数据的"数":"数中自有黄金屋,数中自有颜如玉",这句话依然有非常积极的意义。

2012 年 1 月,瑞士达沃斯世界经济论坛发布了《大数据、大影响:国际发展的新机会》(*Big Data*,*Big Impact*:*New Possibilities for International Development*)的报告。报告指出:数据就像货币和黄金一样,已经成为一种新的经济资源。从那以后,大数据更是声名鹊起,无数公司、机构都想从大数据的价值属性中"榨取"自己心仪的"石油"来。

大数据现如今已经成为解决问题的一种方法,通过收集、整理生活中方方面面的数据,并对其进行分析挖掘,进而从中获得有价值的信息,最终演化出一种新的商业模式。大数据的价值最终体现在:从数据中获得洞察,从而形成有意义的决策[14]。

大数据的核心价值在于预测。预测股价是公认的很难做到的事,但大数据分析却能发挥一定的作用。例如,印第安纳大学的研究人员发现,通过分析推特(Twitter)信息中人们的情绪可以准确预测股市的涨跌[15]。

此外,还有一些案例:谷歌公司依据网民搜索,分析全球范围内流感等病疫的传播状况[16];美国前总统奥巴马的竞选团队依据选民的推特,实时分析选民对总统竞选人的喜好,最终奥巴马二次当选美国总统,华盛顿邮报(The Washington Post)还给奥巴马一个封号——"大数据总统(The Big Data President)"[17]。

上述案例都从不同侧面印证,大数据蕴涵着大价值,但大数据的大价值并非是显而易见的。如前所述,就大数据本身而言,其实并没有价值,大数据只有通过深加工(包括清洗、建模、分析、交易)以后,才能升值,否则只能瞻仰大数据。也就是说,不加处理的大数据毫无用处,有些情况下甚至是有副作用的(例如,更多的数据,如果不懂得挖掘和利用,只会让客户破费买更多的硬盘)。

大数据如果是一种产业,那么这种产业实现盈利的关键在于,提高对数据的加工能力,即通过加工实现数据的增值。

事实上,探求数据价值的关键不是数据,而是掌握数据思维的人,在某种程度上,与其说是大数据创造了价值,不如说是掌握大数据思维的人利用数据消除了某种不确定性而彰显了数据的价值。

"大数据有价值"包含两层含义：①大数据的确蕴藏大价值，如前文所述，不再赘述。②大数据如同贫矿，价值密度很低。

一个生动的案例是监控视频。在 1 小时的连续不断的监控流中，对于安保人员来说，有价值的可能就是一两秒的数据流。由于少量有用的数据和大量无用的数据并存，可以说"沙里有金子"。

正是鉴于大数据的价值密度比较低，有学者很明确地告诫我们[18]，数据挖掘的价值是用成本换来的。我们不能不计成本、盲目地建设大数据系统。事实上，中国大多数企业或政府部门仍处于"小数据"处理阶段。这些部门不必太在意自己正在分析的是否为大数据，只要在纵向上有一定的时间积累，在横向上有较丰富的记录细节，通过多个源头对同一个对象采集的各种数据有机整合，进行认真仔细地数据分析，就可能产生大价值。

作为研究对象的大数据，有 4V 特征(甚至更多 V 特征)，但这仅是表象。在更深层次上，大数据之所以能成为一种研究对象是因为，人类能在非常大的时空尺度上在个体不可比拟的量级上，从数据中挖掘出前所未见的属性来[19]。

2.5.5　包括但不限于 4V

关于大数据的特征，可谓是"仁者见仁，智者见智"。不同的科研机构或企业，从不同的角度给出了不同的看法。高德纳(Gartner)早期定义大数据的特性时，仅仅给出 3 个 V①，即体量大(Volume)，形态多(Variety)，速度快(Velocity)，如图 2-12 所示。丝毫未提及麦肯锡公司提出的价值性(Value)。这是有原因的，因为它们认为，其实，小数据也是有价值的，既然小数据、大数据都有价值，就不能算是大数据的特征("特征"就是能显著区分度的性状)。

在本质上，价值是数据被分析后体现出来的有用知识的丰度，倘若它要作为大数据的特征，那么它和其他几个特性必定要有本质区别。其他几个特性可以说是数据工作者在具体实践中所面临的挑战，而价值则是在征服这些挑战后获得的回报。

后来，IBM 公司对大数据的理解有所创新，取 Value 而代之的是，找出了大数据的另外一个 V 字头特征——Veracity(准确性)。

---

① Zikopoulos P，Eaton C. Understanding big data：Analytics for enterprise class Hadoop and streaming data[M]. New York：McGraw-Hill Osborne Media，2011.

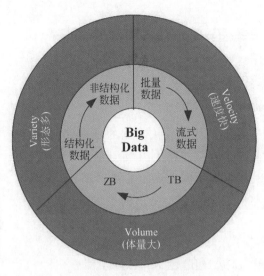

图 2-12　高德纳的 3V 模型

　　Veracity(准确性)又称为数据确保(Data Assurance)。从不同方式、不同渠道收集而来的数据,质量良莠不齐。而数据质量,在很大程度上决定了数据分析和输出结果的错误程度和可信度[①]。

　　在 IT 领域,有一个非常有名的说法——Garbage In,Garbage Out(GIGO),即“垃圾进,垃圾出”,意思是指,如果装入的是垃圾,那么出来的自然也是垃圾。具体说来,就是输入的是胡乱选择的垃圾数据,那么产生的研究结果自然也没有任何意义可言。因此,IBM 公司也认为,如果没有数据确保,那么大数据分析就毫无意义。

　　事实上,有人就觉得英文的 V 字头单词不够用,甚至还整出了有关大数据的 11 个 V 字头特征,自然,每个 V 字头特征都有其一定的道理,但就上述介绍的特征,已经够让人眼花缭乱的了,大数据的其他特征就不逐一介绍了,有兴趣的读者可自行查阅相关文献。

　　在了解大数据的内涵之后,下面来讨论有关数据的文化。文化犹如“潜意识”,它以“润物细无声”的方式影响集体民众的行为。大数据的发展,从来都不是个人的事,而是集体参与的行为表达,因此培养数据文化至关重要。

---

① Raghupathi W,Raghupathi V. Big data analytics in healthcare: promise and potential[J]. Health Information Science and Systems,2014,2(1): 3.

2.6　数据文化与未来之路

古希腊哲学家苏格拉底(Socrates,公元前 470—公元前 399 年,见图 2-13)曾经说过一句名言:"未经审视的人生,不值一过①"。

其实,对大数据的态度亦应如此。大数据的确是好,但未经"反思"的技术未必就好,因为它可能在中国"水土不服"。在西方行之有效的技术和思想,难以在中国发展的案例非常多。文化不同,培植技术的土壤就不同,开出的花,结出的果,都可能会截然不同。

图 2-13　苏格拉底

2.6.1　三人成虎——数据真的越大越好吗

我们知道,数据治理的核心本质在于,依据数据,支撑优质决策,最终体现在智慧的行动上。在大数据时代,人们非常重视数据的采集,但是,数据真的是越多越好吗? 其实并不见得。"三人成虎"的典故或许能给我们一些不同的启示。

"三人成虎"的典故非常悠久,出自于《战国策·魏策二》。

庞恭与太子质于邯郸,谓魏王曰:"今一人言市有虎,王信之乎?"王曰:"否。""二人言市有虎,王信之乎?"王曰:"寡人疑之矣。""三人言市有虎,王信之乎?"王曰:"寡人信之矣。"

后世人引申"三人成虎"的故事,用来借喻谣言可以掩盖真相。其实,在大数据时代,这个典故更像一个有关数据治理的"政治寓言",它可以找到新的诠释。这是因为,诸如"三、六、九"之类的数字,在汉语语境里表示虚词,其意为"多"。魏王之所以相信"市有虎",是因为不断有很多错误的事实(数据)来开启、强化甚至固化一个错误的结论。此时,收集的错误数据越多,领导层正确决策的偏离程度就越高。所以,在大数据治理时代,人们常常追求数据越多越好,但这是一个常犯的认知误区。

依赖数据说话,自然是件好事。但过度地、不合理地偏信数据所带来的后果可能比没有数据还要糟糕。这是因为,客观的世界只有一个,而描述这个世界的棱面却有无数

---

① 对应的英文: The unexamined life is not worth living.

个。在很多时候，我们所能采集的、所能接触的、愿意相信的，可能仅仅就是"事实"的某一个或几个棱面的数据。

"三人成虎"弊端的解决方案，其实早在中国古老哲学"兼听则明，偏信则暗"中已有体现。多"听"几个维度的"事实"，便会带来一个更加清晰的事实，否则，单"听"信某一个方面的"事实"，就会带来"三人成虎"般的愚昧和昏暗。

如前所述，大数据呈现出多样性（Variety），才是大数据的核心本质。仅仅在单一维度上，积累再多数据，都不能算作真正意义上的大数据。

怎么做才能"兼听"数据呢？自然就是实施数据共享与开放策略，打通互不相连的"数据孤岛"（或称数据烟囱）。电子科技大学周涛教授认为，"大数据真正的精髓，不是数据量的爆炸性增长，而是数据与数据之间关联形式的变化"[22]。而数据间的关联则来自于数据的开放，只有把"隔水相望"的数据孤岛打造成"阡陌交通"的数据链，最终形成交叉验证的数据网，这样某个维度的数据缺失或错误，都会在数据丰度和冗余度的照耀下得到发现和纠正，从而能达到决策的客观性和明智性。

当前，针对数据的开放，至少蕴涵三个层面的含义：①数据可在线访问及获取，因而其格式应是标准的（即是机器可读的）；②数据开放应具有普遍性和非歧视性；③数据应允许再利用和传播。在这三个方面人们还有很大的进步空间。

2.6.2　数据文化的养成

数据就是定量化的、表征精确的事实。数据简单来说就是一种以"数"为"据"的文化，其本质就是尊重客观世界的实事求是精神，重视数据就是强调用事实说话，按理性思维思考的科学精神。

中国人的传统习惯是定性思维而不是定量思维。目前，许多城市在开展政府数据开放共享工作，但是发现多数老百姓对政府要开放的数据并不感兴趣。要让大数据走上健康的发展轨道，首先要大力弘扬数据文化。数据文化不只是大数据用于文艺、出版等文化产业，而是指全民的数据意识[18]。

大数据从来都不仅仅是一场技术革命、一场经济变革，它也是一场国家治理的变革。著名科技哲学家凯文·凯利（Kevin Kelly）认为，"未来的一切生意都是数据生意（Business）。"这里的 Business 不仅仅是指企业经营的"商务"行为，还包括政府治理的"政务"行为。无独有偶，牛津大学教授舍恩伯格在其著作《大数据时代：生活、工作与思维的大变革》中指出：大数据是人们获得新的认知、创造新的价值的源泉，还是改变市场、组织机构，以及政府与公民关系的方法[13]。"

《吕氏春秋•尽数》中说："流水不腐，户枢不蠹，动也。"意思是指常流动的水不发臭，常转动的门轴不遭虫蛀。类似地，现在我们实施"数据共享和开放"，在文化上，它们是相通的，都强调的是"流动"。所不同的是，"流水不腐，户枢不蠹"强调流动的是"原子"（即构成水或木头的原子），而政府数据"开放与共享"强调流动的是"比特"（即构成信息流的二进制比特）。

数据作为"有根据的事实"，就成为了改善政府治理的重要手段。但要达到这个目的，必须选择走"数据共享和开放"的道路。然而，单一的、有选择性的数据开放价值并不高，只有数据连通才能发挥 $1+1>2$ 的作用，而做到"数据连通"并不容易。

数据连通，可能涉及与机构的裁减、合并和行政改革。"交数则交权，分家先分数"，将会是大数据时代组织运行的常态。政府部门的数据连通问题，很多时候并非是技术问题，而是利益问题、奶酪问题。

此外，数据治理工程是否成功，还需要营造浓厚的数据文化，以理性代替感性，以精确代替模糊，以系统代替局部。数据文化推崇的是理性和实证。目前，我们"数据文化"的氛围还不够，倘若数据文化的"土壤"不适宜，利用大数据土壤的园丁（人才）能力不足，但即使播的种一样，但开出的花，结出的果，都可能不对劲，"南橘北枳"的情况难免发生。因此，如果真正想让大数据创造价值，为民所用，路漫漫其修远兮，我们还有很长的路要走。当前信息技术的发展，已经让中国获得了后发优势，中国要建设世界强国、在大数据时代的全球竞争中胜出，必须把大数据从科技符号提升成为文化符号，在全社会普及数据文化[12]。

2.7 本章小结

在本章中，首先讨论了数据、信息到知识和智慧的飞跃，指出它们之间不是等同关系，而是在金字塔体系结构上呈现出一个逐步浓缩的关系。然后，阐明了大数据受到了诸如学术界、政府层面和工商业界的重视。大数据的价值巨大，由数据驱动的第二经济，会让我们的社会越来越重视数据的价值。

接着，我们又讨论了大数据的几个特征，如体量大，形态多，价值高但密度低，以及速度快等多个 V 字头的特征，但这仅仅是大数据的表层特征，在更深层次上，大数据之所以有价值,是因为人类能在大的时空尺度上,在个体不可比拟的量级上,发现数据前所未见的属性。

前面大数据多个 V 字头特征,其实都是大数据处理的困难之处。我们之所以还乐此不疲地研究大数据,无非是因为大数据蕴涵大价值。挖掘大数据的大价值最为核心的内涵是要发挥数据的外部性,即当前数据和其他数据的关联性,也就是洞察(Insight)。

最后,讨论了数据文化的内涵。所谓数据文化就是尊重事实、强调精确、推崇理性和逻辑的文化。中国传统的思维方式——“属于差不多”文化,这种模糊的圆通文化与以追求精确为使命的数据文化相差甚远。所以我们要让大数据在中国大地真正落地生根、开花结果,还需要在培育数据文化,转换数据思维上多下工夫,这注定是一场持久战。

本章我们讨论大数据的内涵,但并不能止步于此。大数据需要能“出活”,帮我们更好地看清这个世界才有价值。第 3 章将讨论大数据的创新实践,来看看大数据到底是如何实现商业变现的。

思考与练习

2-1　数据、信息、知识和智慧有什么区别与联系?

2-2　大数据的定义是什么?在多个版本的定义中,你倾向于哪一个?说说理由。

2-3　大数据与经济发展有什么关系?

2-4　大数据由用户使用大数据公司的产品而产生,请思考大数据应该归谁所有,为什么?

2-5　大数据发展的主要驱动力来自于哪里?说明理由。

2-6　大数据的 4V 特征分别是什么?哪个特征是大数据的核心特征?为什么?

2-7　什么是数据思维?中国的数据文化还有哪些有待改善的地方?

本章参考文献

[1]　ROWLEY J. The wisdom hierarchy: representations of the DIKW hierarchy[J]. Journal of information science,Sage Publications Sage CA: Thousand Oaks,CA,2007,33(2): 163-180.

[2]　ZELENY M. From knowledge to wisdom: On being informed and knowledgeable,becoming wise

and ethical[J]. International Journal of Information Technology & Decision Making, World Scientific,2006,5(04):751-762.

[3]　LIEW A. Understanding data,information,knowledge and their inter-relationships[J]. Journal of knowledge management practice,2007,8(2):1-16.

[4]　城田真琴. 大数据的冲击[M]. 周自恒,译. 北京:人民邮电出版社,2014.

[5]　李国杰,程学旗. 大数据研究:未来科技及经济社会发展的重大战略领域——大数据的研究现状与科学思考[J]. 中国科学院院刊,2012,6:647-657.

[6]　SHAW J. Why "Big Data" is a big deal[J]. Harvard Magazine,2014,3:30-35.

[7]　王坚. 在线:数据改变商业本质,技术重塑经济未来[M]. 北京:中信出版社,2018.

[8]　阿里研究院. 互联网+:从 IT 到 DT[M]. 北京:机械工业出版社,2015.

[9]　SMOLAN R. The Human Face of Big Data[J]. Radio Adelaide,2013.

[10]　涂子沛. 数商[M]. 北京:中信出版集团,2020.

[11]　HILBERT M,LÓPEZ P. The world's technological capacity to store,communicate,and compute information[J]. science,American Association for the Advancement of Science,2011,332(6025):60-65.

[12]　涂子沛. 数据之巅:大数据革命,历史、现实与未来[M]. 北京:中信出版社,2014.

[13]　维克托·迈尔-舍恩伯格,肯尼思·库克耶迈尔. 大数据时代:生活、工作与思维的大变革[M]. 盛杨燕,周涛,译. 杭州:浙江人民出版社,2013.

[14]　LAVALLE S,LESSER E,SHOCKLEY R,et al. Big data,analytics and the path from insights to value[J]. MIT sloan management review,2011,52(2):21-32.

[15]　BOLLEN J,MAO H,ZENG X. Twitter mood predicts the stock market[J]. Journal of computational science,Elsevier,2011,2(1):1-8.

[16]　GINSBERG J,MOHEBBI M H,PATEL R S,et al. Detecting influenza epidemics using search engine query data[J]. Nature,Nature Publishing Group,2009,457(7232):1012-1014.

[17]　SCOLA N. Obama,the 'big data' president[J]. Washington Post,2013,14.

[18]　李国杰. 对大数据的再认识[J]. 大数据,2015(1):1-9.

[19]　吕乃基. 大数据与认识论[J]. 中国软科学,2014(9):34-45.

[20]　范灵俊,洪学海,黄晁,等. 政府大数据治理的挑战及对策[J]. 大数据,2016,2(3):27-38.

[21]　托比·胡弗. 近代科学为什么诞生在西方[M]. 于霞,译. 北京:北京大学出版社,2010.

[22]　周涛. 为数据而生——数据创新实践[M]. 北京:北京联合出版社,2016.

第 3 章

大数据创新与实践

分析显而易见的事情需要非凡的思想。

前面的章节我们讨论了大数据的内涵。我们知道,数据本身并没有价值,只有从数据中发现了新的洞察,并依据洞察指导了行为,才能让价值落地,这样大数据才有意义。

在本质上,价值是数据被分析之后体现出来的有用知识。不论大数据的特征有多少个 V,实际上,除了价值之外,其他 V 特性都是数据实践中所面临的挑战,而只有价值这个 V 特征,才是征服这些挑战后获得的回报。

那如何才能发现大数据的价值呢?本章将介绍几个基于大数据的创新案例,以便让读者从中领悟大数据的价值是如何彰显的。

3.1 洞察带来数据价值

在阐述大数据的应用案例之前,先简要地说说什么是洞察。洞察可以理解为透过现象看到的本质。把平日里习以为常的事物,看出不一样的风景,"看山不是山,看水不是水",这才是有价值的洞察。正如哈佛大学著名教授盖瑞·金(Gary King)所言,"大数据并非数据。当数据丰裕而易于收集时,真正的价值是在分析①"。

对于观察的对象而言,数据可作为其表征形式,所以对于数据的洞察,就是通过纷杂的表征形式,看到数据内部的本质。当然,这个洞察出来的本质,必须是新鲜的、"刚出炉"的、有远见的。这就意味着,它必须提供一些人们以前不曾掌握的新知识。

---

① 对应的英文: Big data is not about the data—Gary King,Harvard University,making the point that while data is plentiful and easy to collect,the real value is in the analytics。

数据价值的彰显,则体现在对洞察的应用上。举例来说,美国有家公司叫"数字地球",它利用自己的"快鸟"商业卫星,在众多领域如地图制作和分析、环境监测、油气勘探、基础设施管理、互联网门户网站,以及导航技术等提供卫星图像。

这家公司是谷歌地球(Google Earth,GE)卫星图片的主要供应商。谷歌地球让人们观看到的是一些可视化的图片,它们本身只是一些图像数据,给人们提供的是导航知识,但这个知识并不算洞察,因为它们已是司空见惯的知识。

但是在过去几年,有人就从这些大量的非结构化的大数据(即图片,见图 3-1)中挖掘出了所谓的"洞察"。

(a) 陨石坑的卫星图片   (b) 陨石坑中开采的钻石

图 3-1 从卫星图片数据中获取的洞察

我们知道,开采钻石利润丰厚。但钻石开采投资巨大。众多"新娘"和爱美女士们的芊芊玉手,借助另"一双看不见的手"——市场的力量,硬生生地把一座座钻石矿山夷为平地。就这样,储量丰富的钻石矿山越来越难寻觅,开采的成本也越来越大。

有一些珠宝商发现,他们所需要的钻石,有些品类是在陨石爆炸瞬间的高温高压空间中形成的。找到陨石坑,就能找到这类钻石。在那些容易寻找的陨石坑都被发掘殆尽之后,剩下的几乎都是在荒无人烟的地方,那怎么才能寻找这些陨石坑呢?

精明的数据分析公司发现,谷歌地球给它们提供了很好的数据。后来一家公司依靠从谷歌地图提供的卫星图片数据中获取洞察,帮助珠宝开采商找到陨石坑。当然,通过这样另类的洞察,数据分析公司获得了非常可观的收益。

触类旁通,关于地图的数据分析还可以另辟蹊径,在太空中调查上市公司,从而获取洞察。例如,像沃尔玛这样的零售业巨头,从其停车场的停放车辆数量,就可以间接获知沃尔玛顾客的数量,进而提前可以推断企业的效益。沃尔玛在全球有 8500 家店铺,仅在美国有 4364 家。如果人工去数车辆,工作量就过于繁重,因而变得不可行。

但是,利用谷歌地图提供的免费卫星图片(如图 3-2 所示),加上必要的图像处理(如深度学习的目标识别算法),就可轻易估算出车辆数量,进而推断出沃尔玛的销售量。

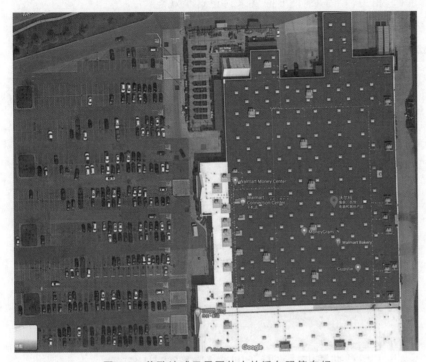

图 3-2　谷歌地球卫星图片中的沃尔玛停车场

在沃尔玛发布其财报前的两三天,数据分析公司将其估算数据卖给二级证券交易商。这些证券交易商则可为提前获得"财务信息",或买多,或卖空,提前布局,就会在很短的时间内在股票市场上获得巨额收益。

这些从数据中挖掘出洞察的企业,非常有业务想象力,它们能从大家司空见惯的数据中将数据的最大价值挖掘出来,真正践行了"'数'中自有黄金屋",把数据变成真金白银,这样的创新头脑和数据思维是非常值得学习与借鉴的。

野村综合研究所的研究员城田真琴也表明[1],只有那些能尽早发现别人忽略的数据价值,并及时反映到业务中,从而树立竞争优势地位的数据驱动型企业,才能够在当今充斥多种多样数据的时代中生存。

　　上面的两个案例,反映了利用大数据的两个核心概念:①数据是多样的,且不同类型的数据都必须在线。用阿里云 CTO 王坚博士的话来说,就是能彼此访问对方,形成数据网络,而非孤立的"数据烟囱"。②利用了数据的外部性。也就是说,不在数据 A 内部找规律,而是尝试找不同类型数据如 A 和 B 之间的新关联,而这种关联就是很多大数据布道者所言的"重相关,轻因果"。下面就来讨论这个观点。

3.2　安德森的学术观点

　　2008 年,时任《连线》(*Wired*)主编的克里斯·安德森(Chris Anderson)发表题为《理论的终结:数据洪流让科学方法依然过时》(*The End of Theory: the Data Deluge Makes the Scientific Method Obsolete*)[①]的文章(见图 3-3)[2]。在文章中,安德森率先提出:在 PB 时代,我们可以说有相关性就足够了。

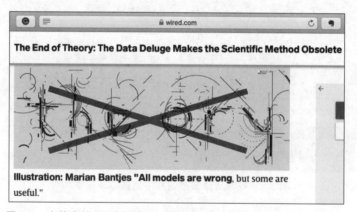

图 3-3　安德森的《理论的终结:数据洪流让科学方法依然过时》一文

　　安德森认为,在 PB 时代(大数据时代),人们的思维应该从追寻"为什么(事物间的因果关系)"转换为知道"是什么(事物间的相关性)",这就够了[②]。

　　2012 年,牛津大学互联网研究所教授维克托·迈尔-舍恩伯格(Viktor Mayer-Schönberger)联合《经济学人》(*Economist*)编辑肯尼思·库克耶迈尔撰写了一本现象级

---

　　① 　Chris Anderson. The End of Theory: The Data Deluge Makes the Scientific Method Obsolete. Wired,2006.
　　② 　这个观点一经面世,认可的人有之,批评的人亦不少。由于安德森的观点鲜明,截至 2021 年 5 月,这篇刊载于《连线》的文章,因为观点鲜明,谷歌学术引用次数接近 2 500 次。

畅销书《大数据时代：生活、工作与思维的大变革》[3]，书中有个核心观点就是"要相关，不要因果"①。

安德森说，以前我们都是通过某种理论，需要弄清楚因果关系，对事情有深入理解才能解决问题，而到了今天，数据规模已经如此之大，大可不必如此，数据反映出来的相关性给我们提供了一个全新的武器，它有望直接取代理论。

安德森所言是无稽之谈吗？当然不是，至少不全是。安德森首先引用了被称为"20世纪最伟大的统计学家之一"的 G. Box 的名言为自己站台，即"所有模型都是错误的，不过有些（在特定场景下）是有用的"②。这里的模型泛指理论。安德森的逻辑是这样的，如果 G. Box 所言有理，那么所有理论都是特定条件下才有用（即不存在绝对正确的理论），相比而言，无需理论支撑的大数据，仅仅依靠从数据中挖掘出的相关性，也是很有用的③。所以，二者在有用这个层面，其实是难分伯仲的。然而，在获取难度上，二者是不同的。科学理论是很难获得的，通常需要世界上最聪明的头脑"上下求索而得之"。而大数据的相关性，通过一些计算机的算力和数据挖掘算法，相对容易获得。因此，用大数据的相关性，取代所谓的理论，难道不应该是顺理成章吗？

3.3　数据、模型与理论的关系

安德森的道理体现在哪里呢？在说明他的道理之前，先来简要地重温一下几个重要概念：什么是数据？什么是模型？什么是理论？

简单地说，数据就是有根据的数，它是客观事实的一种表征形式。通过研究数据之间的关系，来反向揭示事物本身的规律。

那什么是模型呢？从广义上讲，如果一件事物能随着另一件事物的改变而改变，那么此事物就是另一件事物的模型。模型是指对于某个实际问题或客观事物、规律进行抽象后的一种形式化表达。任何模型都由三个部分组成，即变量、目标和关系。

（1）变量。变量是事物在幅度、强度和程度上变化的特征，可以用各种数据的大小来

---

①　这个观点亦有很大的争议，后面的章节我们会再次展开说明。简单来说，如果大数据仅仅通过重视事物之间出现的相关性，那么预测力可能非常高，但说服力却很低（因为它没有从因与果上给出解释）。

②　对应的英文：All models are wrong, but some are useful。

③　因为一旦 A 和 B 有了相关性，那么就有一定的预测力。预测力是非常有价值的。例如，发现燕子低飞（事件 A）和下雨（事件 B），具有一定的相关性，那么，看见燕子低飞（A），就可以预测将要下雨（B）。

表征各种变量。

（2）目标。也就是说,这个模型是干什么用的。只有模型的目标明确了,才能进一步确定影响这种目标的各种关键变量,进而把各变量加以归纳、综合,并确定各变量之间的关系。

（3）关系。确定目标,并确定了影响目标的各种变量之后,还需要进一步研究各变量之间的关系。关系其实就是数据之间的逻辑结构。

下面用一个小例子来说明数据逐渐增多后,对还原事物结构的重要性,或许就能从中体会到安德森的观点"数据多了,模型就不是那么重要了"。

在图 3-4 所示的一个粗略图中,一开始,在观察客观世界过程中,仅采集到三个点的数据,根据这些数据,可以对客观世界做个理论假设,用一个简化的模型来表示,比如说可以用三角形来表示数据间的关系,当然可以用更多的模型,如四边形、五边形来表征这些数据,如图 3-4(a)所示。似乎三角形、四边形和五边形这三个模型,都能比较好地解释这个世界[①],但哪个模型更好呢?

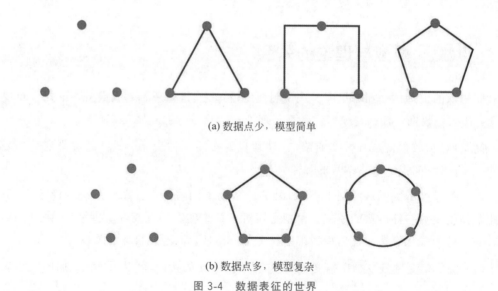

(a) 数据点少,模型简单

(b) 数据点多,模型复杂

图 3-4 数据表征的世界

随着观察的深入,假设又多采集了两个数据点,这时发现三角形、四边形的模型都是

---

① 用机器学习的角度来看,实际上这叫作数据拟合(Data Fitting)。

错的,于是就确定下来表征世界的模型应为五边形。但殊不知,真实的世界其实是圆形的。有五个数据点表征的五边形,虽然不准确,但数据点的增多,的确也让呈现的世界更加趋近真实,如图 3-4(b)所示。

通过研究数据,就可以反向认知自然现象。大数据因数据之多、数据之全、数据之多样,可以在一定程度上确保失准度低,所以就有了安德森的激进观点"有了大数据,就无需模型"。

但客观来讲,无需模型,在某种程度上,也可能是大数据的无奈之举。大数据如此复杂,人们无法用简单、可解释的模型来表达。于是,数据本身成了模型,更严格地说,是数据及应用数学(特别是统计学)取代了科学理论。

安德森所言的相关性有用,也是有案例支撑的。例如,谷歌公司的主要收入来源是在搜索结果里做广告,谷歌公司表面是世界上最大的搜索引擎,实际上,它也是世界上最大的在线广告商。但如果我们去问谷歌公司,他们对广告学有什么认识,谷歌公司可能会告诉你,他们根本就不懂什么广告学[①]。谷歌公司的做法非常简单粗暴,直接用统计方法判断究竟哪些关键词能带来广告流量(对应用户的点击行为),这种相关性的获取全过程无需人的干预,谷歌压根不需要广告学、营销学或传播学的理论。

在"理论的终结:数据洪流让科学方法依然过时"一文中,安德森还用谷歌翻译来佐证自己的观点。他说,谷歌翻译其实并不懂得各种自然语言,但仅仅依靠单一的统计学模型,就可以取代各种自然语言的理论/模型(如语法分析树等),不仅能从英文翻译成法文,也能从瑞典文翻译到中文,只要有语料数据,谷歌甚至能把波斯语翻译克莱贡语(Klingon)[②]。

的确,在很多领域,都在印证一个判断:"大量的数据,往往要胜过优秀的算法或模型"。这句话的意思是,相比于用复杂的算法或模型来识别一条条新输入的小规模数据,对大量数据实施分析,从统计学角度上得出的结果,比这些精致的算法和模型更加高效和可行。

如果把语言学家视为集语言理论之大成者,那么弗莱德里克.贾里尼克(Frederick Jelinek)的那句著名的"刻薄之语",就可以反映出理论的尴尬,贾里尼克说:"每当我解雇

---

① 谷歌公司将机器学习算法运用于广告系统,去预测和分析用户的行为。在很多时候,页面上显示的广告甚至比自然搜索结果更匹配、更有用、质量更高。这里的算法本质上就是在找用户关键词与用户预期行为的相关性。用户每一次的点击行为,其实就是在帮谷歌公司优化它们的算法,让相关行为更相关。

② Klingon 为安德森编出来的语言,意在说明语言理论在翻译中的作用全无。

一个语言学家,语音识别系统的性能,就会改善一些"[①]。贾里尼克是一位利用统计方法研究语音识别与合成的著名学者。统计学最擅长的手段之一,就是计数和统计,继而发现数据之间的相关性。有了相关性,就可以做准确度较高的预测,这在很多场合已经够用了。语言翻译、语音识别,包括下面即将提及到的谷歌预测流感的案例,都是绝好的案例。这也是安德森提出"要相关性、不要因果性"的依据所在。

下面介绍一组与大数据创新应用相关的经典案例。虽然,部分案例已经时过境迁,但在当时的环境下的确是开启了大数据创新的先河,其蕴涵的思想到现在依然值得借鉴。

3.4 谷歌是如何预测流感的

我们首先来讨论一个大数据应用的经典案例——谷歌预测流感。谷歌是一家搜索引擎公司,流感预测是专业医学机构所擅长的事情,谷歌公司为何能"越俎代庖"呢?这中间的连接纽带在哪里?在下面章节将揭晓上述问题的答案。

3.4.1 流感治疗网络化

通常来讲,惰性是一个负面的词汇,却并不总是这样。

一方面,有人戏称"懒惰是人类进步的阶梯",认为惰性在某种程度上推动科技的发展,如图 3-5 所示。例如,当人们疲于步行路时,就有人迎合这种惰性(即挖掘所谓的商机),去发明马车、汽车、飞机等交通工具;当人们懒于爬山时,就有人发明索道缆车。

图 3-5 "懒惰"推动科技进步

另一方面,科技的发展,也会放大人类的惰性。例如,当下(移动)互联网科技飞速发展,人们生活日益便利,但正是由于这种便利性,给人类提供了更多的选项,从而变得更

---

① 对应的英文:Every time I fire a linguist, the performance of the recognizer improves.

加懒惰。例如,当腹感饥饿时,你可能不再想勤快地到菜市场买菜,然后到厨房做饭。诸如"美团"之类的外卖 O2O(线上到线下)平台①,允许你躺在沙发上,滑动滑动手指,就能轻松叫来一份可口的饭菜。再例如,当你头疼、发烧或流鼻涕时,你的第一选择可能不再是匆忙地往返于医院(医院虽然专业,但去一趟太麻烦)。科技的发展,给你提供了"偷懒"的机会。或许你更会倾向于便捷地打开诸如谷歌、百度这类搜索引擎,查询流感的症状、治疗措施等,自己购买非处方药服用,如图 3-6 所示。

图 3-6　流感治疗网络化

---

① O2O 为 Online To Offline 的英文缩写,即将线下商务的机会与互联网结合在一起,让互联网成为线下交易的前台。

3.4.2 无意间生产的大数据

当你在网上完成上述动作,下一步会干什么?很自然地,你会选择关闭浏览器。你以为在整个搜索过程中"雁过无痕",但事实果真如此吗?非也!

事实上,很多网络数字印迹,例如检索的内容、检索时所在的区域、单击的网页等日志信息,都悄然被搜索引擎公司留下。谷歌公司就是这样,它保存了多年的海量的用户搜索日志,而这些数据在早期常常被人们忽略。

在互联网高度发达的今天,人们感冒的时候,极有可能先用谷歌等搜索引擎去检索感冒症状及应对手段。于是,"身体有恙"这一躯体状态就与诸如"咳嗽""发烧""疼痛"这样的搜索词汇之间,可能存在一种潜在的关联。

设想一下,假如在某一个区域、某一个时间段,有大量有关流感的搜索指令,那么,我们就可以据此推断,在这个地区就很有可能存在大规模流感人群。因此,相关的医疗卫生部门就值得发布流感预警信息——该区域有可能暴发大面积流感疫情,人们应该提早防范。

英国《卫报》(*The Guardian*)点评说,在我们使用谷歌进行搜索时,已经通过搜索日志向谷歌敞开了我们心灵的窗户,现在反过来它又要洞察我们的身体有恙与否①。

3.4.3 谷歌工程师的杰作——流感预测趋势

根据这个巧妙的想法,2009 年 2 月,谷歌公司的工程师在国际著名学术期刊《自然》上发表了一篇非常有意思的论文[4]《利用搜索引擎查询数据,检测禽流感流行趋势》,并设计了对应的流感预测趋势 GFT(Google Flu Trends)系统②。GFT 在分析海量的用户查询日志后,能够准确而快速地预测冬季流感(H1N1) 传播的趋势。图 3-7 所示的是纽约、新泽西和宾夕法尼亚州地区的 GFT 预测禽流感与美国 CDC 实测对比。

依据用户有关流感的检索记录,谷歌公司的工程师通过构建自己特定的预测模型,GFT 可以方便地完成当前流感的监测(流感传播来源及暴发区域)及未来流感暴发的预

---

① Paul Sakuma. Google hits to warn of flu epidemics. The guardian. http://www.theguardian.com/technology/2008/nov/12/google-health.

② 由于谷歌团队对搜索数据开创性地使用,根据谷歌学术,截至 2020 年 10 月,该论文已有 4100 多次的引用。

测(可能的传播流向)。

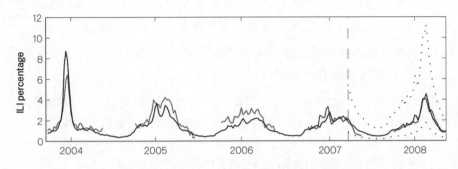

图 3-7 GFT 预测禽流感(H1N1)与美国 CDC 实测对比①

对 H1N1 流感的监测并预测趋势,GFT 仅需一天,有时甚至可缩短至几个小时。事实上,为了预测的准确性,在整个流程中,GFT 绝大部分时间花费在收集用户检索数据上,由于谷歌公司有着庞大的计算能力,因此其预测计算的时间几乎是可以忽略不计的。GFT 对甲型 H1N1 流感给出的计算结果,与美国疾病控制与预防中心(Center for Disease Control and Prevention,CDC)官方公布的实测数据相比较,相关度高达 96%(见图 3-7)。

"通过我们每天的评估,GFT 可以为流感的暴发提供一个早期预警系统",GFT 的主要设计者杰里米·金斯伯格(Jeremy Ginsberg)和马特·莫赫伯(Matt Mohebb)是这样评价自己"大作"的。

相比而言,CDC 同样也能利用采集来的流感疫情数据发布类似的预警信息,但这些数据是姗姗来迟的。这是因为:感冒患者在到医院就诊时,存在较大的惰性滞后;医院上报病情也存在汇集数据的滞后;CDC 汇总数据,发布预警信息亦存在滞后。利用这些滞后数据,带来的后果就是,CDC 的流感预测,通常在疫情暴发后的两周左右才能得以发布。

但是,对于一种飞速传播的疾病(如禽流感),疫情预警滞后两周,后果可能是致命的。例如,当第一次世界大战接近尾声时,全球暴发了历史上最具杀伤力的流感——

---

① 图片截图来自谷歌学术论文[4],连续曲线来于于 GFT,非连续曲线来自 CDC。
　图中连续曲线反映的是 GFT 预测值,非连续曲线为 CDC 反映的是对应时间 CDC 统计的实际值。纵向虚线的左侧是训练数据及对训练数据的预测值,右侧是测试数据以及对测试数据的预测值。纵向虚线左侧的两条横向点线(dotted lines)之间是预测值 95% 的置信区间。

1918 西班牙流感(1918 Pandemic),流感病毒恰是 H1N1。当时人类还没有针对该流感的有效预防措施与治疗药物,于是 H1N1 病毒波及全球近半数人口,发病率高达 20%～40%,致死 2000 万～5000 万人,远超过第一次世界大战中的死亡总数[5]。

相比于西班牙流感带来的悲剧,谷歌公司如果真的能帮助人类避免(或及早预防)某些流行病的蔓延,那可真是功德无量①!

那么,问题来了。谷歌作为一个互联网公司,为何可以如此成功地"越俎代庖",做了疾病预防控制与预防中心的工作呢,是什么支撑谷歌公司的工程师发声呢?

3.4.4 谷歌公司的流感预测为何成功?

事实上,谷歌公司之所以能出色地完成这项任务(见图 3-8),力量来源于该公司拥有无与伦比的搜索日志大数据:平均每秒处理超过 40 000 个搜索查询,这意味着每天超过 35 亿次搜索,每年在全球范围内进行高达 1.2 万亿次搜索。搜索日志包括用户搜索信息(如搜索的内容、搜索时间及发出搜索指令的区域等)。正是拥有这些海量的搜索数据,谷歌公司可以做出很多颇有创意的项目。

图 3-8 谷歌"越俎代庖"预测起流感

谷歌公司的工程师设计完成的 GFT,可谓是利用大数据的典范之作。这个案例生动地揭示了当今社会独有的新能力:"通过大数据分析,我们可以拥有巨大价值的产品、服务及深度的洞察能力"。

---

① 100 年后,类似于西班牙大流感,2019 年 12 月,新型冠状病毒病(COVID-19)疫情引发了全球大流行疫情,再次让人们对科技(特别是大数据、人工智能)在防疫、控疫上的高度重视。

在这个案例中,谷歌公司的工程师并没有使用传统的流感病毒传播模型,而仅仅是巧妙地找到了"流感搜索指令多少"和"流感传播趋势"之间的相关性,从而利用相关性分析,来预测未来趋势,这正是大数据的特长。

舍恩伯格认为[3],大数据的核心功能之一就是预测。大数据技术就是把特定目的的计算机算法运用于海量数据,发现数据间的关联,从而来预测事情发生的可能性。大数据已然成为新发明和新服务的源泉,而更多的改变正蓄势待发。

在前面的大数据案例中,谷歌公司"越俎代庖"地干起来流感预测的事情,而且还干得不错(此事在 2015 年 8 月已经落下帷幕①)。谷歌公司的"越俎代庖",在一定程度上说明了一个道理,在海量数据面前,专业的理论(如流行病传播模型)或许已经不是那么重要了(至少不像以前那么重要)。

3.4.5　案例小结

谷歌公司预测流感,是大数据重视相关性的经典范例。我们应该认识到,在确定对象变量之间的关系时,对何者为因、何者为果的判断,应持谨慎态度。不能因为两个变量之间存在着统计上的相关性关系,就简单地认为它们之间存在着因果性关系。在现实生活中,有许多表面上看来是因果关系的情况,实际上并不一定是真正的因果关系。

因此,很多主流的科学家并不太认同安德森的《理论的终结》,他们认为,科学家的直觉、因果性、可解释性,仍是人类获得知识突破的重要因素。因为有了数据,机器仅仅可能发现当前知识疆域中隐藏的未知的那部分。而没有模型,没有理论,当前知识疆域的上限就是机器线性增长的计算力,它绝不能扩展到新的知识领域。

要知道,在人类历史上,每一次知识疆域的跨越式"开疆拓土",都是由天才们(如伽利略、牛顿、爱因斯坦等)的"顿悟"及他们提出的理论体系,率先吹起了前进的号角。

此外,不管我们心中是带着对旧时代的眷恋,还是对新时代的诚惶诚恐,一个关于"一切都被记录,一切都被分析"的大数据时代的到来,是不可抗拒的。在这个大数据时代,我们或主动地贡献了大量的数据,或被动地让很多与自己相关,被大公司记录下来。毋庸置疑,我们不仅都是大数据时代的现场亲临者,也都是大数据的直接贡献者。

---

①　事实上,这仅仅是故事的前半段,后来 GFT 随着社会影响力不断增强,反而预测频繁失准,被称为"大数据傲慢"的代表,终于在 2015 年 8 月,谷歌公司停止了 GFT 的流感预测。我们会在后续的章节中继续讨论这个故事的后半段。

3.5 全数据是如何为叶诗文抱不平

舍恩伯格等人所著的《大数据时代：生活、工作与思维的大变革》可谓是大数据研究的先河之作,该书对普及大数据文化起到了重要的助推作用。简单来说,书中舍恩伯格提到三个学术观点,值得讨论一番。他的部分观点对分析叶诗文事件提供了理论支撑。

3.5.1 舍恩伯格的三个学术观点

客观来讲,舍恩伯格的第三个观点并非原创,而是直接"借鉴"了《连线》主编安德森的观点。

舍恩伯格里提出三个重要观点:首先,要分析与某事物相关的所有数据,而非依靠分析少量的数据样本;其次,接受数据的纷繁复杂,而不再追求精确性;最后,不再追寻难以捉摸的因果性,转而关注事物的相关性(前文已有讨论,不再赘述)。

其中,他的第一核心观点可简要概括为"要全体,不要抽样"。换句话说,就是"大数据=全数据"。以前,由于收集和分析全部数据通常是不可行的,所以才有了随机采样理论的发展,并取得了巨大的成功。随机采样成为现代测量领域的主要手段,但随机采样的固有缺陷在于,人们难以保证采样的随机性。一旦采样过程中存在有意或无意的任何偏见,虽然因为"差之毫厘",但分析结果可能"谬以千里"。

在大数据时代,我们需要分析更多的数据,有时候甚至需要与某个现象相关的全部数据,而不是依赖于数据的随机采样。下面,我们利用舍恩伯格的第一个观点,来重新审视叶诗文事件。

3.5.2 叶诗文事件的新闻背景

2012 年 7 月 28 日,中国游泳运动员叶诗文在伦敦奥运会上夺得混合泳 400 米的金牌,且以 4 分 28 秒 43 的成绩打破该项目的世界纪录。对这一纪录,西方媒体纷纷质疑叶诗文成绩的有效性。例如,2012 年 7 月 31 日,英国《卫报》率先发表题为"伦敦 2012:为什么叶诗文的表现引发如此多质疑(London 2012:Why Ye Shiwen's performance raises a lot of questions)"的报道[①]。

美国著名游泳教练、世界游泳教练协会执行主席约翰·伦纳德(John Leonard)称,叶

---

① Tucker R. London 2012:Why Ye Shiwen's performance raises a lot of questions [EB/OL], The Guardian, http://www.theguardian.com/sport/2012/jul/31/london-2012-ye-shiwen-doping,2012-7-31.

诗文破纪录的成绩是"难以置信的"(Unbelievable)和"令人不安的"(Disturbing)①。他评论叶诗文的表现,如同"超人"一般,"从历史上看,任何时候某个运动员的表现如同超人,后来都被发现与使用违禁药物有关"。

2012 年 7 月 31 日,杰里·朗文(Jeré Longman)在西方主流媒体《纽约时报》发表文章"光环背后:中国泳池奇才引发猜疑浪潮(Inside the rings:China pool prodigy churns wave of speculation)"[6],暗指叶诗文成绩可能与兴奋剂有关。

2012 年 8 月 1 日,在世界知名自然科学学术刊物《自然》的官方新闻版上,伊文·卡拉威(Ewen Callaway)发表了文章"超凡奥运成绩为何会引发质疑(Why great Olympic feats raise suspicions)"[7],其副标题为"性能分析有助于抓竞技舞弊者('Performance profiling' could help to dispel doubts)",直言叶诗文的成绩"异常"(Anomalous),暗示其成绩可能与兴奋剂有关。

《自然》中的那篇文章刊出后,立即在世界范围内,特别是在华人世界里引起广泛争议,截至 8 月 3 日,短短 3 天,该评论文章就获得接近 5 万(48 591)份读者评论。随后,该文编辑以评论过多而导致前期评论丢失、评论内容多为民族主义的攻击而少有建设性意见为由,破天荒地关闭了该文的评论功能。

在众多华人读者的强烈质疑下,该文的副标题修正为"性能剖析(成绩追踪记录)有助于驱散疑问"(Performance profiling could help to dispel doubts),该文的责任编辑对该文冒犯读者表示了遗憾,而对部分读者的评论由于技术故障丢失表达了歉意。

《自然》那篇文章中运用性能分析法(Performance profiling)来论证叶诗文成绩的"异常"。性能分析法所依赖的根本,其实就是用运动员的一系列历史成绩数据来说话。我们除了气愤填膺地表达愤慨之外,能不能"以子之矛攻子之盾",也用数据说话,还叶诗文一个公道呢?

3.5.3　什么是性能分析法

据兰州理工大学青年学者马国全等人撰写的学术论文介绍[8],性能分析法是德国弗莱堡医科大学运动生理学家舒马赫(Schumacher)等人在 2009 年提出的对运动员历史成绩实施剖析的一种数据分析方法[9],用以辅助兴奋剂的检测。其基本思想是,运动员使

---

① Bull A, Ye Shiwen's world record Olympic swim 'disturbing', says top US coach [EB/OL], The Guardian. http://www.theguardian.com/sport/2012/jul/30/ye-shiwen-world -record -Olympics -2012.

用兴奋剂的最终目的,是要提高他们的运动成绩,因此通过跟踪运动员的赛场成绩,对运动员个人实施纵向的性能(即成绩)分析,从而分析成绩是否"异常"。

因此,对运动员实施性能分析,可以帮助科学家以及体育主管部门快速判定某个运动员成绩是否在可接受的范围,并可根据该信息筛选出重点需要监督的对象。如此一来,兴奋剂的检测可以不再局限于运动员体内的某种违禁物质的检测上。这是因为,如果能通过数据分析的手段,显示了某个特定运动员在某场赛事上成绩异常,那么就能快速锁定这个怀疑对象,然后通过其他技术手段,再重点交叉验证怀疑对象是否使用了兴奋剂。

基于运动员历史成绩数据的动态性能分析法,是一个非常经济、便捷且有效的兴奋剂辅助判定策略。在《自然》那篇新闻评论中,伊文·卡拉威等人对叶诗文成绩的质疑,也正是性能分析法在反兴奋剂中的具体应用。

我们知道,诸如《自然》《纽约时报》《卫报》等世界级的学术期刊或新闻媒体,虽不能确保其绝对公正,但也不会不顾及声誉地无中生有。下面我们就来看看这些媒体质疑的合理之处。

3.5.4 质疑的合理性在哪里

在本质上,运动员性能分析在反兴奋剂中的应用,主要是以运动员的运动特性(譬如成绩)为研究对象,利用统计学原理和数据挖掘技术找出孤立点。

1980 年,数理统计学家 D·霍金斯(D. Hawkins)在著作《孤立点的识别》(*Identification of outliers*)就对孤立点给出了定义[10]:如果一个观察对象偏离其他观测对象很多,以至于怀疑它是由不同机制产生得到的,那么这样的观察对象可视为孤立点。

对于世界顶级运动员来讲,他们的赛场能力基本都达到了本人的性能增益拐点,在后期冲刺(疲劳期)期间,运动员身体极限能力是趋于下降的。南非开普敦大学运动生理学专家塔克(Tucker)就质疑,叶诗文在游完 300 米后,似乎还有很多体能,这是不符合常理的。也就是说,在运动员的性能分析上,叶诗文的成绩具备孤立点特征。

下面以女子 400 米混合泳成绩(见表 3-1)为研究对象,利用成绩性能分析方法,来找出其中的典型模式,从而找出可能存在的非典型孤立点。

在女子自由泳 100 米项目上的世界纪录,代表人类极限速度,该纪录的保持者是 Britta Steffen 在 2009 年的游泳世锦赛上创造的 52.07 秒。而混合泳 400 米项目的最后

100 米同样是自由泳,且处于整个混合泳 40 米的最后阶段,在这个阶段,运动员体能均有较大程度的下降。因此,相对于单纯的 100 米自由泳项目,其成绩势必有所下降。

表 3-1　女子 400 米混合泳中最后 100 米自由泳横向性能分析表[8]

比赛	运动员	300～350 米	350～400 米	最后 100 米用时	与世界纪录差时	差时
				单位：秒		百分比(%)
2012 年伦敦奥运会	Ye Shiwen	29.75	28.93	58.68	06.61	12.69
	Beisel	31.52	30.81	01:02.33	10.26	19.70
	Li xuanxu	31.81	29.77	01:01.58	09.51	18.26
	Hosszu	31.73	30.93	01:02.66	10.59	20.34
	Miley	32.24	30.73	01:02.97	10.90	20.93
	Rice	32.65	31.33	01:03.98	11.91	22.87
	Leverenz	32.70	31.75	01:04.45	12.38	23.78
	Belmonte	31.83	31.08	01:02.91	10.84	20.82
2011 年游泳世界锦标赛	Beisel	31.20	30.78	01:01.98	09.91	19.03
	Miley	32.28	30.35	01:02.63	10.56	20.28
	Rice	32.33	30.49	01:02.82	10.75	20.65
	Belmonte	31.43	30.24	01:01.67	09.60	18.44
	Ye Shiwen	31.82	29.88	01:01.70	09.63	18.49
	Li Xuanxu	31.78	29.95	01:01.73	09.66	18.55
	Zavadova	33.07	31.87	01:04.94	12.87	24.72
	Leverenz	33.30	32.73	01:06.03	13.96	26.81

从表 3-1 可以看到,除叶诗文在 2012 年伦敦奥运会成绩之外的典型模式是:其他 15 人次的成绩分布区间在 61～64 秒,以世界纪录斯特芬的 100 米自由泳成绩为参考对象,这 15 人次的成绩相对于斯特芬的成绩降低 18.26%～26.81%。

针对男子 400 米混合泳成绩做统计(以 2012 年伦敦奥运成绩为例),也可以得到类似的结果。男子 400 米混合泳最后 100 米的自由泳成绩分布区间为 57～59 秒,均比该项目的世界纪录(巴西选手 César Cielo 的 46.91 秒)降低 22.75%～29.44%。而叶诗文最后 100 米的成绩(58.68 秒)仅比女子 100 米自由泳世界纪录降低 12.69%,实属例外。

将上述两项赛事(包括男子在内)的 400 米混合泳的最后 100 米自由泳成绩,相对于 100 米自由泳项目的世界纪录的下降百分比,可以做一个可视化的聚类差异分析图(共 32 人次),如图 3-9 所示。从这张呈现的可视化图中,一目了然:叶诗文的成绩表现的确符合孤立点的定义:她最后 100 米的赛程表现与其他运动员相比,差异度最为明显。

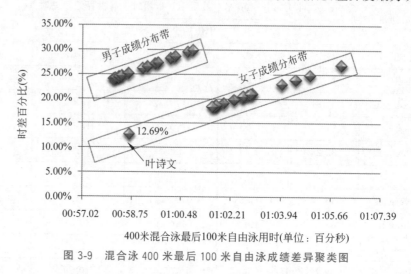

图 3-9 混合泳 400 米最后 100 米自由泳成绩差异聚类图

综上,仅仅从性能分析的角度分析来看,以《自然》为代表的西方媒介(学术刊物及媒体),质疑叶诗文的成绩"异常"有其理性的一面。

但是,这些媒体在数据的处理上却有不公正之处,在下面我们就用大数据对此展开分析。

3.5.5 "大数据=全数据"的威力——为叶诗文抱不平

在叶诗文成绩质疑案例中,之所以让华人难以认可西方媒体的结论,就是因为,事实上,对叶诗文成绩"异常"的质疑,其所谓的"正常"数据仅为除叶诗文之外的伦敦 2012 年奥运会决赛的男、女子 400 米混合泳决赛的运动员,样本总数也仅为 31 个。他们选取的数据样本太小,属于典型的抽样小数据,而有偏的数据推出的结论也势必存在误导性。

相比而言,美国堪萨斯大学信息与通信技术中心 Huan 等[1]收集了 2007—2012 年的

---

① HUAN J,LUO B. Big Data Analysis of Swimming Athletes' Performance Records [EB/OL]. http://www.ittc.ku.edu/huanlab/sensorData/.

游泳运动员的所有数据。在他们的大数据集里,包括超过 2600 名运动员、500 多场不同
的赛事、40 000 多个运动员不同赛段的成绩性能数据。他们的研究表明,叶诗文伦敦奥
运成绩的大幅提升和最后 50 米的赛段成绩属于正常,且类似的案例在年轻的游泳运动
员身上存在普遍性(见图 3-10)。

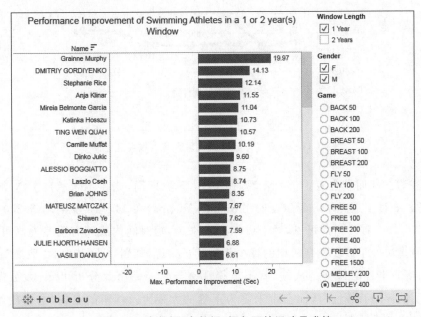

图 3-10　全数据(大数据)视角下的运动员成绩

　　具体举例说明,美国游泳健将伊丽莎白·贝塞尔(Elizabeth Beisel)在 14~16 岁的成
长阶段,贝塞尔与叶诗文有着类似的成绩提升。贝塞尔 14 岁时在泛太平洋游泳锦标赛
的成绩是 4 分 50 秒 30,而在随后的美国游泳锦标赛上贝塞尔的成绩为 4 分 44 秒 87,即
在短短的 11 个月成绩提升了 5.43 秒。

　　在 2008 年北京奥运会上,当时年仅 16 岁的贝塞尔创造了 4 分 34 秒 24 的成绩,换
句话说,距美国游泳锦标赛 1 年之后,贝塞尔成绩提升却是惊人的 10.63 秒。

　　同样地,也使用成绩分析法分别跟踪贝塞尔和叶诗文近几年重大赛事的混合泳 400
米成绩变化,如图 3-11 所示。从图 3-10 中可知,在 14~16 岁的成长阶段,贝塞尔与叶诗
文有着类似的成绩提升。另外,图 3-11 也显示,在贝塞尔 16 岁以后,年龄趋于成年,成绩
也趋于稳定,这也符合绝大多数运动员的赛场性能表现。

　　此外,在男子方面,年轻选手也有类似的性能提升表现。例如,伊安·索普(Ian

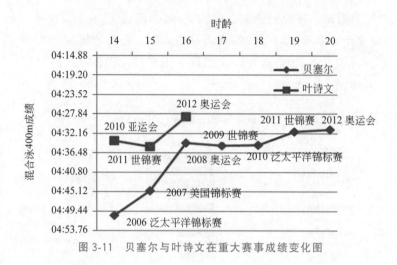

图 3-11　贝塞尔与叶诗文在重大赛事成绩变化图

Thorpe)在青少年时期也有不俗的表现,在 14～15 岁期间,他在 400 米自由泳项目上将成绩提高了 8 秒。迈克尔・菲尔普斯（Michael Phelps）在 14～15 岁期间将 200 米蝶泳成绩提高了 4.66 秒。由此可见,对于成年选手来说,短时间内成绩有明显提高可能确属"异常",但是对处于成长发育时期的青少年运动员来说,却属"异常"中的"平常"。因此,从这个角度来审视叶诗文的成绩,就不显得那么异常了。由此分析可知,大数据(全数据)弱化了抽样的有偏性,从而会带来更为正确的大视野。杜甫的名句"会当凌绝顶,一览众山小"说的就是登高可以望远。类似地,如果把运动员的成绩样本量放大,在更宏大的视野里,我们得到的结论就会更客观。

掌握较大话语权的西方媒体,非常擅长利用"摘樱桃法"(Cherry Picking)来支撑自己的观点。他们用数据说话,但有时只挑选对自己观点有利的数据,给读者的感觉特别"真实可靠",其实多少有点"包藏祸心"。有了全数据的视角之后,当我们再看到西方媒体所谓的数据分析时,保持谨慎的怀疑是必要的。

3.5.6　案例小结

数据文化的本质,就是尊重客观世界的事实,实事求是。重视数据就是强调用事实说话、按理性思维的科学精神。按照舍恩伯格教授的观点,大数据并不需要有以太字节(TB)计的数据。在这个叶诗文运动员性能分析的案例中,全部数据所包含的字节量,可能还不如一首高质量的 MP3 包含得多,仅仅数兆字节而已。大数据分析法的特征在于,它不只关注某些随机的样本,而是尽量得到全部的样本。

相对于《自然》《卫报》等媒体的几十个数据案例,美国堪萨斯大学信息与通信技术中心的 Huan 等人,使用了超过 40 000 个运动员的性能数据,这就是体育大数据。这里的"大"取的是相对意义,而不是绝对意义。

当数据处理技术已经发生了翻天覆地的变化时,在大数据时代进行数据分析,我们需要的是所有的数据,即样本=总体。采用"大数据=全数据"的思维观点,可以给我们在利用数据的立场上,发生一些颠覆式的变化。

例如,有些行业会抱怨,我们这个行业哪里有什么大数据,我们又不是谷歌、百度、阿里巴巴等大型互联网公司,我们接触到的数据太小了。而事实上,如果积累足够多的数据,全数据就是大数据,这个绝对容量并不大的大数据,也能反映某个领域、某个行业或某个时段数据的全部数据。

这给我们带来的启迪是,如果不想在这个大数据时代淘汰出局,相关的公司或机构,一定要重视事务处理的数据化,并重视历史数据的收集与积累。数据全了,大数据就呼之欲出。

3.6　教育大数据是如何干预学生成长的

数据不仅可以在商业领域使用,在教育行业同样可以"发光发热",做出自己的贡献。下面我们举例说明。

3.6.1　饭卡数据的二次使用

现在的学校食堂,基本上都使用饭卡,但在以前是用饭票的。从饭票到饭卡(见图 3-12),二者有什么不同呢?从功能上看,二者都能就餐,而背后蕴涵的意义却大不相同。如果学生就餐使用的是饭票,学校就只能知道学生买了多少钱的饭菜,哪个食堂最受青睐。如果使用饭卡,学校通过在线的数据记录不仅能够知道学生消费了多少,还能知道哪些学生去了哪个食堂、何时去的、买了什么菜。学校不仅能利用这些数据了解校内学生整体的就餐状况,还可以详细了解男生、女生不同的就餐喜好,高年级学生、低年级学生不同的就餐习惯,进而制订管理策略。

这就是数据局部在线的例子[11]。要知道,监察对象的数据化以及后续的在线化,是

(a) 饭票

(b) 饭卡

图 3-12　饭卡与饭票(数据的离线与在线)

用好大数据的前提和基础。这个例子说明,在线能够保留更全面、更多元的数据。而在离线时代,除了饭票的数量,我们对这些数量背后的信息一无所知。

用好教育领域的大数据(如食堂打卡记录),会有很多意外的发现。电子科技大学教授周涛在其著作《为数据而生:大数据创新实践》中,讲述了这么一个案例[12]。一所招生规模中等的综合性大学,平均每年都会有 1～2 名学生自杀死亡,而这些自杀者中的相当一部分都有抑郁症或者较严重的抑郁倾向。自杀者固然是极端情况,但是抑郁症在大学生中已经成为一个显性问题,很多大学生因此受到了精神上的巨大折磨,也影响了学业、感情和工作。很多有抑郁症的学生,在大学中很少参加集体活动,很少能交到朋友,或者自己压根儿就不去交朋友。但社团参与数据本身要么难以获取,要么不够完整。于是,从食堂吃饭打卡的记录入手,可以发现一些蛛丝马迹。通常来说,好友相约一起吃饭,会同排一个队伍并且前后刷卡,而孤僻的人通常没有这些特征,他们基本是独来独往。通过这些数据分析,就能提取找到这些重点关注对象,早点有针对性地进行心理干预,就会避免一些悲剧的发生。

再例如,通过数据分析,发现家境富裕的学生基本不在食堂吃饭,而家境不好的学生通常日均消费较低。但由于自尊心的作用,家境不好的同学通常并不愿意声张,在申请贫困补助时就容易出现偏差,但饭卡消费记录则比较真实地反映了学生的家境。郑州大学学工部的补贴工作就做得很人性化,他们会根据学生的饭卡消费记录,悄悄地把补贴发放到贫困生的饭卡中,而无需贫困生去申请。然而,与之情形类似但结果迥异的事情也发生了。据报道称,2013 年 7 月,华东师范大学的一位女生收到校方的短信:"同学你好,发现你上个月餐饮消费较少,不知是否有经济困难?"这条温情脉脉的短信要归功于大数据分析,校方通过挖掘校园饭卡的消费数据,发现该女生每顿餐费都偏低,于是发出了这条关心的询问。但随后发现,这是一个美丽的错误,该女生其实是在减肥。误会之所以发生,就是因为我们常常重视大数据的特征——体量大,其实更要重视它的核心特征——多样性(来源多)。也就是说,我们更应该重视多维度数据的收集,如果除了饭卡,校方还有其他数据来源作为辅助,那么判断的准确度就可能更高。

3.6.2　一卡通数据的另类解读

现在的饭卡通常被称为一卡通,其作用远远不限于食堂就餐。例如,在图书馆借书、出入宿舍门禁、教学楼打开水,都需要使用一卡通。如果把这些数据互联互通,又会有一些有趣的发现。

例如,在教学楼打开水的次数和学习成绩就是强关联的。据周涛教授团队的研究发现,电子科技大学打水多的学生成绩基本上都很不错,平均而言,打水越多,成绩越好。打水次数不仅是预测学生成绩的重要特征之一,而且能够用来发现学生学业的异常行为。例如一个学生以前打水很多,突然这学期很少打水甚至不打水了,这很可能是个异常信号。这就需要从数据中找出了这样的突出例子,加以重点关注。

此外,数据分析还发现,进图书馆次数越多,成绩越好。类似地,对成绩好坏有区分作用的数据还很多。专业成绩前 5% 和后 5% 的各四名学生进出图书馆的次数,两者相差竟然达到了 5 倍之多。类似地,在寝室待的时间越长,平均而言成绩越差等。

3.6.3　案例小结

在离线时代,很多数据是会丢失的,比如早些年的食堂卖饭人员最多只知道自己收了多少饭票,但却弄不清楚饭票数量以外的其他事情。但一旦有了数据在线这个过程(用一卡通代替饭票),通过互联互通的数据关联性挖掘,就会发现很多新东西,这就是在线与离线的区别。

此外,发挥数据的外部性是教育大数据的精髓,因为学生的行为数据里面蕴涵着大量有价值的信息,而且针对行为数据的分析是及时的而非滞后的,通过与外部数据的关联(如打水数据与学习成绩的关联等)能够尽早发现学生的异常问题。

推而广之,我们充分利用与当前业务看起来无关的数据,并积极把自身业务产生的数据拿出去,发挥超脱的业务想象力,解决外面遇到的各种各样的问题。大数据的多样性,才能给我们带来另类的洞察。

3.7 更多大数据应用案例

在前面的案例中,我们介绍了几个大数据的应用案例,但这些应用案例多偏向学术层面,下面我们也将介绍几个典型的大数据商业应用案例,读者或许能从中借鉴某些思想,开展自己的业务。

3.7.1 基于位置服务

基于位置服务(Location Based Services,LBS)的一个典型案例,就是利用手机中的GPS位置信息来进行营销活动。例如,日本最大的移动通信运营商 NTT Docomo 就曾与东京海上日动火灾保险合作,当在用户到达滑雪场或者高尔夫球场时,系统自动根据用户所在位置,发送对应的一次性保险推荐的电邮。

> 基于位置服务(LBS)是指,利用各类型的定位技术来获取定位设备当前的所在位置,通过移动互联网向定位设备提供信息资源和基础服务。

这种服务的提供,首先需要满足两个条件:①公司需要事先征得用户许可;②用户需要配备相应的硬件(如手机带有 GPS 功能等)。在征得用户许可后,Docomo 公司根据手机用户的 GPS 轨迹信息,就可以比较精确地区分出该用户是工作人员还是顾客,而顾客才是推荐邮件的发送对象。

在另一个层面的应用是,人们还可以利用计算机的位置(即 IP 定位)来实施精确营销。利用 IP 定位,推测用户的位置,并投放广告,这并不是一个很新的技术,但面临的问题是,要么那些开源的 IP 地理库数据陈旧、精度不高,要么是诸如腾讯、阿里巴巴之类大厂商,虽然自身拥有 IP 地理库,但不愿意对外公开。这就导致第三方基于 IP 定位的广告投放基本是以城市为地理坐标区分的,这样的广告投放通常效果不佳。

> IP 地址是指,在互联网场景下,当设备连接网络,设备将被分配一个IP 地址,用作标识。通过 IP 地址,设备间可以彼此识别,互相通信。

数据创新并不止步于大公司。郑州埃文计算机公司是这样的一家初创公司,在细分领域找到自己的特色,专门从事网络空间地图大数据的开发与服务,将网络空间、地理空间和社会空间的相互映射,绘制三位一体的网络空间地图。公司 CEO 王永开发了高精度互联网用户实时定位系统——南极(Najeee),其核心技术先后在美国、欧盟及中国成功申请了专利,为街道级的精确广告投放开辟了一条新路。这个高精度的互联网用户实时定位系统,系统的中值误差距离在 5 千米以内,90%误差距离在 22 千米以内(一般的 IP定位技术通常以城市为单位的,定位波动范围较大)。该系统的优势在于,既不需要目标终端的硬件支持,也不依赖目标终端用户的主动许可。

有了街道级的 IP 定位,网页广告的投放基本上可以做到"指哪打哪"。例如,A 在郑州市西高新区居住,从网上看到消息,东郊有一件 A 特别喜欢的衣服在打折,A 很心动,但碍于路途较远太折腾,可能不会动身去消费。而对于某个广告公司来说,如果利用了精确 IP 定位系统,一旦用户 A 打开计算机上网,广告推送系统就能感知到 A 的精确到街道级别的地理位置,那么广告系统就可以在 A 打开的网页上,投放一个靠近 A 位置的服装销售商的广告,A 看到自己喜欢的衣服在家门口附近就有得卖,而且价格和在东郊的商家一样,于是 A 的消费欲就会被大大激发,广告的转化率也就提高了很多。

对于房地产商的广告推介,也会有类似效果。如果通过 IP 定位,判断用户 B 经常在城市东郊上网,那么 B 的工作或生活区域在东郊的可能性就比较大。这时在 B 打开的网页上推荐城市东郊的房地产广告,比见人就发传单的街推式广告投放,更加省时省力,而且营销效果也会更好。

3.7.2　商品和服务的个性化推荐

《纽约客》(*The New Yorker*)著名撰稿人马尔科姆·格拉德威尔(Malcolm T. Gladwell)曾说:"曾几何时,人类在不断探索宇宙的普遍规律,那些对每个人都适用的普遍规律,在整个 19 世纪和 20 世纪大部分时间里,整个科学界都在为之努力,但现在,情况完全不同了。那么现在最大的变化是什么呢?那就是从关注普遍性转而关注个性"。从医疗诊断(例如奥巴马提倡的精准医疗),到消费倾向,个性都超越了普遍性。

商品和服务的个性化推荐,就是根据用户属性、行为、购买记录等数据,为用户推荐最合适的商品,这种方式在 Amazon(亚马逊)、京东、天猫等电商网站中应用很广泛。这些购物网站,通过关联规则挖掘,会自动向消费者推荐他可能购买的商品,如此贴心的个性化的服务,背后的驱动力是为了销售更多的商品。

在 QQ 或 Facebook 等社交网站中,时常会出现"您可能还认识某某某",也算是朋友推荐功能的一种。对于某个社交网络而言,如果一个用户的朋友在这个网络的数量越多,那么这个社交网络对这个用户的黏附度也就越高,那么他就越有可能接着使用这个社交网络。这就是为什么社交网站如此不遗余力地帮你找朋友的原因。

3.7.3　客户叛离分析

诸如移动运营商、保险公司、电商等机构,均有可能以某种会员体系向客户提供商品和服务。这些机构就可根据客户过往的电话投诉数据或者门户网站访问数据,对可能会叛离(退离)的客户做出预测,并在预测的叛离事件发生前,通过及时提供一些优惠或者促销,来实现业务的优化。

比如说,如果客户在一段时间没有登录京东或苏宁等电商网站,会收到他们发放的代金券,以重新激活客户的消费行为。

再比如,通过客户画像,挖掘出潜在的优质客户,然后让他们重度参与产品的个性化定制过程。这在增加客户满意度的同时,也增加了客户对自己心仪产品的投入程度。如果客户为之付出了时间、精力、感情等,就增加了商品转换的成本。人们对某个事物付出越多,往往越舍不得丢弃。这样一来,就提高了用户的黏度(Customer Stickiness),提升了退出门槛,从而可以有效阻止客户的叛离。

> 用户黏度是描述一个人对于特定产品或服务的使用程度,是衡量用户对于该事物的忠诚指标,它对于维护产品或服务的品牌起着重要的支撑作用。

3.7.4　服务软件改善

软件即服务(Software-as-a-Service,SaaS)是云计算时代兴起的一种创新的软件应用模式。它是一种通过 Internet 提供软件的模式,厂商将应用软件统一部署在自己的服务器上,客户可以根据自己实际需求,通过互联网向厂商订购所需的应用软件服务,按订购的服务多少和时间长短向厂商支付费用,并通过互联网获得厂商提供的售后服务。

诸如微软、IBM、Google Apps 等软件即服务供应商,利用互联网服务的优势,对所提供的软件功能的使用数据进行收集,用户的点击分布就可以成为软件优化的方向。例如,那些没有多少人使用的功能,就可以在下次版本升级时去掉,而频繁使用的功能则需要进一步强化。

这方面的一个经典案例是微软公司的 Office 界面改善。从 Office 2007 起,微软公司对 Office 产品的用户界面做了全面的更新[①],之前的 Office 2003 菜单形式的工具栏[如图 3-13(a)所示,以 Word 为例],被 Ribbon 形式的工具栏所替代[如图 3-13(b)所示]。这次工具栏改版,在习惯了 Office 2003 的用户中引起了巨大的反弹,因为他们常用的功能突然难以找到了,因此,当时招来无数"吐槽"。维护产品的连贯性和易用性,难道不应该是软件设计的"金科玉律"吗?但微软公司这个非常老道的专业软件设计公司为何还执意大幅度更新 Office 工具栏版式呢?微软公司之所以这么做,自然是有强大依据的,它就基于用户行为的大数据。

---

① Jensen Harris: An Office User Interface Blog,http://rss2.com/feeds/Jensen-Harris-An-Office-User-Interface-Blog/1/.

(a) Word 2003

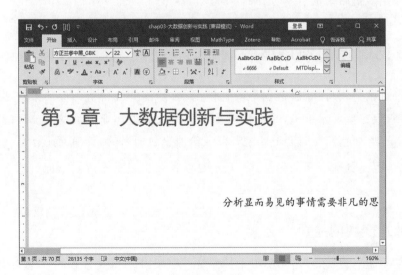

(b) Word 2007以后

图 3-13　微软 Office 中的 2003 版本前后菜单对比（以 Word 为例）

微软公司非常重视用户行为数据的收集。在安装 Office 办公软件时,用户通常被询问是否要加入"用户创新体验计划",这其实就是在询问用户是否允许软件公司搜集用户在使用软件时的数据在得到用户许可的情况下,微软公司收集部分用户使用 Office 的行为数据。在使用 Office 时,这些用户单击每一次的鼠标点击行为,都被记录下来,并送到 Office 的数据中心。虽然仅有部分用户许可微软公司记录其行为数据,但用户基数太大,微软公司还是收集到了海量的用户行为大数据。

根据 Office 用户体验组主管詹森•哈里斯(Jensen Harris)介绍[①],Office 2003 发布以来,一共搜集了 13 亿个使用片段(Session),在最后的 90 天内,仅 Word 就记录了超过 3.5 亿次菜单栏的点击。通过大规模用户行为分析,微软公司在历史上第一次发现了自己从未了解的事实,在全球用户中,最常用的命令是粘贴、保存、复制、撤销、加粗。这 5 个命令加在一起占了 Word 2003 所有命令使用量的 32%。这就是为什么"粘贴"按钮在新版设计的界面上被单独放置在最醒目的界面左上角的原因,如图 3-13(a)所示。

据此,微软公司实施了基于用户行为的用户界面改良,并在 Office 2007 及后续的版本中采用了全新的 Ribbon 界面。Ribbon 本意是丝带,这里表示一种以面板及标签页为架构的用户界面。经过一段时间的 Office 2007 的使用"折腾期",Ribbon 界面逐渐获得了用户的认可,最后取得了很大成功,创新很好,但要拿数据来说话,这就是微软 Office 界面大变革给我们带来的启示。

3.8　数据价值如何得以变现

通过前面的分析可知,大数据能够提供洞察,的确有其价值。但如果这些价值不能商业变现,仅仅有些学术价值,是不足以推动整个大数据产业发展的。前面的章节中提到,大数据的学术价值,不过是其实现其商业价值裹胁而来的副产品而已。

那么,数据是如何变现的呢? 其背后的推演逻辑又是什么呢? 下面就这个议题展开讨论。

3.8.1　数据变现的途径

图灵奖得主、诺贝尔经济学奖得主赫伯特•西蒙(Herbert A.Simon)曾经指出,注意

---

① Jensen Harris. The Story of the Ribbon. https://channel9.msdn.com/Events/MIX/MIX08/UX09 # c634503926310000000.

力和信任不能大规模生产,不能称之为商品。但互联网特别是移动互联网出现以后,在一定程度上解决了注意力的问题。

其实,注意力本来不是什么稀有的东西。人们的注意力不用在读书,就是用在娱乐,不用在社交,就是用在思考,随时产生随时花掉,既不能关闭,也不能攒起来。本来如何使用注意力完全是自己的事,但是自从有了大众传媒以后,就有商家意识到,注意力是他们商业变现的资源。

因为互联网经济出现之后,社会媒体出现了,电子商务出现了,计算广告也就顺应而生了,也就衍生了所谓的眼球经济、注意力经济。

目前大数据商业变现有两大模式:一是广告,二是信用[13]。前者是通过记录消费者不断产生的数据,监控消费者在互联网上的行为数据,互联网公司通过大数据分析而后以广告的形式,给消费者提供符合其动态和偏好的产品或服务;其次,互联网公司通过数据评估消费者的信用,从后续的金融服务中赢利。我们先来说明前者,后者在后面的章节中会陆续展开介绍。

根据阿里云 CTO 王坚博士的观点,大数据的本质是在线[11],一个合格的在线大数据公司,理所当然就应该是一个互联网公司。国外的 Alphabet(谷歌的母公司)和Facebook,国内的 BAT 都算是比较彻底的大数据公司。毫无疑问,广告业务是各大互联网平台营收的极大贡献者,从谷歌、Facebook、阿里巴巴这些互联网公司的广告营收占比就可以看出,即使是电商巨头阿里巴巴,也被称为中国最大的广告公司。

2020 年第一季度,从中国头部 15 家互联网公司(如阿里巴巴、腾讯、京东、拼多多等)广告收入来看,这些公司的广告收入总和为 933 亿元,互联网广告市场目前头部效应明显,尤其是以 BAT(即百度、阿里巴巴和腾讯)为代表的三巨头,占互联网公司前 15 家公司广告收入的 2/3。2020 年第一季度,Alphabet 旗下谷歌部门第一季度广告营收同样不容小觑,为 337.63 亿美元,高于 2019 年同期的 305.87 亿美元。

从收入占比上看,搜索引擎公司,如百度或谷歌,广告收入占比超过 90%。电商、社交媒体公司(如腾讯或 Facebook)的广告收入也占比超过 60%[①]。

上面所列的数字,可以给我们带来一个直观的感受,那就是互联网行业的大数据公司,其核心商业价值的彰显,毫无意外就是赤裸裸的广告。这里的广告,并不是传统意义

---

① 腾讯公司的广告收入占比分析,稍显复杂。这是因为,腾讯公司的部分广告收入和游戏收入搅和到一起了,例如其游戏联运(20%左右),既可以算得上游戏收入,但在本质上也可归属于广告收入。

上的线下广告,而是在线广告,它是通过一种付费内容的载体,是对流量和数据进行变现,与传统广告有非常大的差别。

3.8.2 计算广告是如何实现数据变现的

计算广告专家刘鹏认为,不了解计算广告,就不可能深入地了解互联网,也不太容易真正理解大数据[14]。那么,什么是计算广告呢?

计算广告(Computational Advertising)是一门正在兴起的交叉学科,致力于采用数据挖掘(如大规模搜索、文本分析和信息获取)、机器学习等人工智能手段,结合用户反馈、行为分析、心理学等,来提高广告相关性、交互性,实现广告主、广告网络(如AdSense)和用户的自动化匹配。

大数据的核心价值就是预测。计算广告作为大数据的核心应用之一,更是如此。而要完成的核心任务,就是预测哪些用户对哪些广告感兴趣,然后据此推送相应的广告。说得更加学术点,就是在特定语境下特定用户和相应的广告之间找到最佳匹配。这里的语境,可以是用户正在访问的网页,也可以是用户在搜索引擎中输入的关键词,还可以是用户正在看的书、听的音乐等。潜在广告池的广告数量,可能达到几十亿,而用户的数量也同处于这个级别。这个最佳匹配,面临的最大挑战就是在复杂约束条件下的大规模优化和搜索问题。简单来说,在数以千万(甚至上亿)级别的网络用户反馈形成的、快速变化的数据空间,计算广告并没有确定基准真相(ground truth),同时也无法通过均匀地对总体空间进行采样,构建鲁棒性很强的训练集。更为重要的是,计算广告建模的对象是人的行为,而人的行为又极大程度地受到系统输出的影响。

人类学家兼数学家托马斯·克伦普在其著作《数字人类学》中强调[15],数据的背后,其实就是人类。确切来说,数据在本质上是人类观察世界的表征形式。研究数据,在某种程度上就是在研究人。计算广告领域的研究亦是如此。

大数据的核心价值就是预测,预测通常分为三个层次,如图 3-14 所示。最内层是对人性的预测,这个其实不用预测,人性使然。例如,人饿了会怎样?他(她)会找食物吃,不找食物会饿死。手碰到火后,又会怎样?他(她)会很快把手拿开,手不拿开会疼。

预测的中间层就是趋势,这是大数据擅长的。著名哲学家奥古斯特·孔德(1798—1857 年)认为,人作为个体是无序的,具有自由意志,但样本增加至全社会,大数定律就会发挥作用,人们就可以从中发现稳定的规律。200 多年后的今天,全球复杂网络研究权威艾伯特·拉斯洛·巴拉巴西(Albert-László Barabási),用大数据分析支撑了孔德的观

基准真相(ground truth)可简单理解为"标准答案"。人们往往会利用基准真相,对新的测量方式进行校准,以降低新测量方式的误差和提高新测量方式的准确性。机器学习领域借用了这一概念。在有监督学习中,基准真相通常指代样本集中的标签。

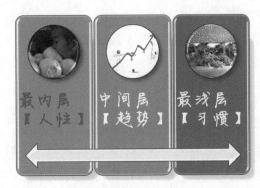

图 3-14 预测的三个层次

点，在其著作《爆发——大数据时代预见未来的新思维》表示：人类行为 93％ 是可以预测[16]。

预测的最外层就是对习惯的预测，某种程度上也就是对个人自由意志预测，这个是最难的。例如，前天我吃了汉堡，昨天我也吃了汉堡，今天我还吃了汉堡，你能预测我明天吃什么吗？的确有可能。我明天还吃汉堡，但连续三天都吃汉堡，完全更有可能由于吃腻了换个口味啊。但是基于数据的归纳法（这是人类绝大多数知识存在的根基），很容易得出预测的结论：我明天还吃汉堡。这种预测明明就是对个人自由意志的猜测，准确性可想而知。

而计算广告的受众对象，就是对个人行为习惯（自由意志）的预测，所以我们可以给出一个推论，计算广告的预测效果，通常不会太理想。那为什么一些大数据公司（如 Alphabet、Facebook 及国内的 BAT）的广告效益还这么好呢？其实原因也很简单，那就是单位广告成本极低，但规模超级大。

曾有人说过这么一句话："怕什么真理无穷，进一寸有一寸的欢喜"。套用到计算广告上，也可以说一句："怕什么预测不准，提高一个百分点，有一个百分点的收益"。的确，哪怕把广告的转化率提高一个百分点，计算广告推送的规模之大，其收益也是相当可观的。

当前互联网产品的大趋势就是免费，可是互联网企业也要活下去，也需要有变现的资产。而那些可变现的资产又是什么呢？互联网行业可变现的核心资产，主要来自两个方面。第一个方面，也就是最简单、粗暴的方式，利用流量变现。

什么是流量呢？就是有人访问你的网站，或者有人在用你的 App，在这些产品中，除了放用户感兴趣的内容以外,还可以放一些付费内容,也就是广告。在正常内容里夹裹付费内容,就是流量变现的基础。就像很多人都爱看电视剧,那么电视台就可以把广告插播在电视剧里,你想看电视,就得看广告。但电视台播放广告的弊端也很明显,那就是所有人看到的广告都是一样的,这样的广告转化率势必不会太高。那么如何提高广告转化率呢?

用户画像(user profile),即用户信息标签化,它是根据用户社会属性、生活习惯和消费行为等信息而抽象出的一个标签化的用户模型。

另一方面,除了流量能够变现之外,还有第二种盈利变现的法宝,那就是数据。简单地说,通过大数据(特别是用户的行为大数据),互联网公司可以做到较为精准的用户画像,据此判断用户偏好,然后再根据这些偏好提高付费内容的转化率,这是数据变现的基本原理。

那么这些用户大数据又是如何得来的呢?自然都是来自各种免费的互联网产品,用户在用这些产品过程中会留下使用痕迹,互联网公司就会收集这些行为信息,据此猜测这个用户的属性,例如购物偏好,然后再根据这些购物偏好来投送相关的付费内容,这比没有任何的指导来投放付费内容效果肯定要好。

用图 3-15 所示的案例帮助读者理解一下数据变现的原理。图 3-15 的左半部分说的是流量变现。假设某网站每天有 10 万的访问量,那么就可以在上面放一个广告位,这个广告位可以有个报价,例如 5000 元,这就是流量变现的价值。

图 3-15 数据价值的体现

但是这种流量变现的方式并没有最大化发挥数字广告的优势,因为剃须刀广告的有效受众基本上都是男性,因此,这个流量里有一半的女性受众是被浪费了,那么,该如何合理利用另一半流量呢?

再看图 3-15 所示的右半部分,实际上,在计算广告体系里,完全可以做到仅仅把男性的一半流量留给这个剃须刀广告客户,对于这个客户而言,它的有效受众的触达其实并没有损失,但由于他只用了一半流量,因此可以给他打个折,3000 元就可以了。

如此一来,对流量变现的互联网公司而言,还剩下一半女性的流量,可以用 3000 元的价格卖给另外一家做化妆品的广告主。对互联网公司来说,有了更多的收益(6000 元)。广告主也是满意的,因为广告主只用 3000 元的成本就获得了原来 5000 元成本才能触达的有效受众。所以,这是个双赢的生意。

俗话说,天下没有免费的午餐。在我们的工作生活中,存在一个利益守恒原则。也就是说,如果你在某个方面获得了利益,通常是会在其他方面以某种形式(或显式的或隐性的)牺牲利益为代价换回来的。

双赢(或多赢)是不符合利益守恒原则的。既然是双赢,一定需要新的资源加入这个利益分配过程当中,那么这个资源是什么呢? 实际上,这就是数据的价值,也就是数据变现的秘密。

前面提到,商家通过收集用户的行为数据,给用户进行画像①,比如判别用户男女,据此推送不同的产品,从而获得更高的商品购买转化率。实际上,在用户画像上,真正的电商大公司走得更远。比如说,我们通常认为,用户性别标签不就是男女两类吗? 但你可能想不到,淘宝一共有 18 个性别标签[17],这些标签并不是真正意义上的生理性别,而是从用户的购物属性上定义出来的性别。比如说,夫妻俩共用一个账号,早上妻子用,晚上丈夫用,那这个账号在阿里巴巴的性别标签就是“早女晚男”。按照这个思路,把本来不可以分裂的东西分裂之后再重组,就能产生新的数据价值。因为更为精确的用户画像,就意味着更为精准的商品推送,这就是在线广告的盈利之本。

3.8.3　信用——大数据时代的另类资产

大数据变现还有一种途径,那就是信用。目前,我们身处的是高清微粒社会,每个人在社会上留下的痕迹是越来越多。而关于我们的数据累积也越来越多,信用也越来越强。

---

① 用户画像是根据用户社会属性、生活习惯和消费行为等信息而抽象出的一个标签化用户模型。其核心工作即是给用户贴标签,而标签是通过对用户信息分析而来的高度精炼的特征标识。

在这个数据社会里,个人的信用可以资产化,也就是说,在大数据时代,信用也可能成为一种商品。这种模式说的是,电商拿到用户的数据,可以做用户画像,除了可以进行精确地广告推送,用户画像还可以有另一层的使用,即构建个人信用。

如果数据有体温的话,那就是37℃,这是人体的温度。是的,人在数字空间留下方方面面的电子印记,分析这些印记,就能相对客观地评价一个人的信用。分析数据,实际分析的是人,洞察的是人性。

如果说中国传统个人信用的基础是人情、关系,那么现代社会的个人信用就是留在数据空间中电子印记。100多年前,美国开始了信用体系的建设,收集数据主要集中在家庭资产,借贷偿还,信用卡透支,房屋水、电、气,诉讼等维度的数据上,但是这些维度有很大局限性,难以反映现代人的信用全貌。

随着大数据时代的来临,一切开始发生变化,人们在社交、电商等场景留下了众多的电子印记,涉及工作、生活的方方面面,这些电子印记已经能为每一个人画一张全方位的立体画像了。

中国人民大学教授吴晶妹在其著作《三维信用论》提出,信用应该分三个维度:第一个是人的诚信度,实际是道德意义上的信用;第二个是合规度,即人在社会当中是否按照各个行业的行规来规范自己行为处事的方式方法;第三个是践约度,即是否很好地履行在负债方面的约定[18]。

说到依靠大数据为用户做画像,最有名的莫过于阿里巴巴的芝麻信用。《信用三维论》对蚂蚁信用团队有很大启发,经过认真分析,芝麻信用团队认为,经济信用的践约度可以作为可靠的信用指标。一是因为经济信用可以数据化并进行量化分析,二是其确实有比较好的预测性。

芝麻信用的数据来源非常广泛,除了阿里系的淘宝、天猫、支付宝、花呗、飞猪旅行等为芝麻信用提供源源不断的数据,还拓展了数百个数据合作伙伴,也就是说,超过90%的信用评估数据,都在蚂蚁金服、阿里巴巴体系之外。

针对信用评估,正面数据有教育部的学历学籍、各地的水电气缴纳、社保、公积金、税务缴纳等;负面数据包括最高法认定的"老赖"、法院涉及经济纠纷的判案裁决、合作伙伴反馈的违约信息等。这些数据涵盖了信用卡还款、网购、转账、理财、水电气缴费、租房、住址搬迁、社交关系等各个方面。实时、多维的数据是评分科学客观公正的关键。没有一个单项信息能够直接或完全决定个人的芝麻分,但一点一滴累积起来的海量数据,就能够很清晰地显示出一个人的信用状况[19]。

有了准确的个人信用，就可以从事金融放贷了，这是银行盈利的根本所在。传统银行在放贷时，由于信用评估成本很高，基本倾向于服务大客户。为什么传统金融机构不愿意为底层 80％ 的客户提供服务？并不能完全归咎于传统金融机构，而是因为信用不传递。这些小客户中，即使有信用非常好的，但银行不知道，或者说它们难以相信小客户的信用。没有过硬的信息来信任小客户，同时缺乏抵押资产，为这些客户提供金融服务不仅风险难以评估，而且信用评估很难衡量。

以前银行只关注金字塔的顶端客户，是因为顶端客户有很多固定资产做信用背书。而如今，基于大数据和人工智能技术的创新，让小微用户也能享受金融的红利，是技术创新把蛋糕做得更大、做得更香了。概括来说就是，因为信用，所以简单。而信用何来，大数据赋能罢了。

在信用社会，信用就是个人的行为记录。信用，就是对风险的承诺。用个性化大数据这种"信用科技"，进行更加精准的风险定价，可以帮助优质节点降低交易成本（例如，信用高的实体或个人，贷款利率、保险费用都会比较低）。

3.9　利用大数据的三个层次

根据前面章节的案例，我们可以抽象大数据运用的级别，基本上是沿着"对过去/现状的把握—对未来的预测—对行动的优化"这个流程，一步一步慢慢展开的。

3.9.1　对过去/现状的把握

大数据的运用是从数据收集开始的。重视对数据的积累并从数据中发现事实，找到规律，是大数据运用的第一步。

大数据包括的范围很广，例如，顾客购买商品的事务信息，微博、Facebook 中发出的只言片语，还包括医院中测量的血压和体重等健康数据、医疗病历等这些数据中不仅包括有意记录的数据，还包括无意留下来的生活日志数据。

大数据的范围，不仅仅涵盖人类产生的数据，还包括以 M2M（Machine to Machine，机器到机器）和 IoT（Internet of Things，物联网）这两个关键词为代表的非人类产生的数据。例如，各种服务器日志、智能仪器仪表（智能电表、气表等）、车载传感器测得的车辆位置和速度信息、航班的出发到达信息、气象信息等,都在此范畴。

在积累大量数据之后,就可以使用数据挖掘、机器学习等技术,从海量数据中发现对业务有影响意义的模式(成功模式、失败模式等)。

这种面向过去,发现潜藏在数据表面之下的历史规律或模式,称为描述性分析(Descriptive Analysis)。

3.9.2　对未来的预测

除了现状的描述性分析,其实大数据的主要用途体现在对未来的预测上。如果能够对过往模式进行建模(可以简化地理解为构建了一个函数),然后通过数据拟合,调整模型的参数,降低模型的误差,接下来就可以将新样本(类似于给出函数的参数)输入模型,模型就会给出一个评估结果,就可以达到预测未来的目的(类似于调用函数后,给出一个返回值)。

举例说明,如果能对具备某种属性的顾客的历史购买记录进行对照分析,就可以更准确地预测出该顾客下次还可能会购买什么样的商品。

再例如,如果相关分析发现,如果用户在人工服务中的电话内容为投诉类型,而在企业公众号或者微博中,用户也发表过类似的信息,那么这个客户就不仅仅是对产品或服务的"吐槽"了,而是真的开始讨厌这个产品或服务。因此,他(她)很可能处于叛离模式,那么就可以预测该客户很可能解约,逃离到竞争对手那里。因此,预测的结果一方面可以用来改进产品或服务的质量,另一方面,需要采取行动避免"客户叛离"行为的发生。

这种利用各种统计、建模、数据挖掘工具,对历史数据进行分析,从而对未来进行预测,称之为预测性分析(Predictive Analysis)。预测性分析的目的,并不能准确告诉我们将来会发生什么,因为所有的预测性,在本质上都只是一个概率。

3.9.3　对行动的优化

2015 年 10 月,在合肥召开的中国计算机大会上,图灵奖得主迈克尔·斯通布雷克(Michael Stonebraker)做了特邀报告,报告题目为"论骑车穿越美国与实现 Postgress 的相通之处"[①]，报告中所提的两项任务，对于当时的当事人都是极难实现的，但他用行动告诉我们：Make it happen（行动起来，让其发生）。

大数据的应用也类似。挖掘出来的知识或规律是廉价的，只有依据这些知识或规律指导我们的行为，大数据的价值才能得以彰显。

从积累的大数据中，发现某些模式，据此对未来做出预测，这是良好的开端，但到这一步，大数据的运用并没有结束。这是因为，倘若没有根据预测，对行动进行必要的优化，那么数据的价值就会大打折扣。

优化包括多种含义。例如，通过个人属性、购买记录以及购买模式，预测出顾客未来可能会购买的商品，那么最后的画龙点睛之笔，就是如 Catalina Marketing[②] 那样，在收银台，将该商品的优惠券直接发给顾客（见图 3-16），这样从分析到行为的操作就是优化。

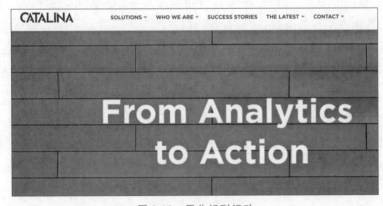

图 3-16　用分析到行动

当然，诸如亚马逊等商家，也可以有目的性地定向给特定用户发送促销邮件（或打折券）等。这种动起来的行为也是优化。

依据大数据获得对事物的洞察，并实施具体的优化行为，这需要相关商家或机构的业务想象力。能否找出与其他公司形成差异化的优化方案，正是考验人才（数据科学家和决策者）能力的一个重要课题，这需要多个学科的人才群策群力。

---

①　PostgreSQL 是开源的对象-关系（object-Relation）数据库管理系统，被誉为世界上功能最强大的开源数据库。
②　http://www.catalina.com/.

3.10　本章小结

本章列举了几个运用大数据挖掘价值的案例。其中在 3.4 节所述案例中,谷歌公司之所以能成功预测流感,其实就是利用了大数据"重相关,轻因果"的特性,只要找到某组数据在出现场景上具有相关性,就可以利用这个相关性对某些事物进行预测。但我们也应该注意到,因果性和可解释性,仍是人类获得知识突破的重要因素,不可忽视。

在 3.5 节所述案例中,为叶诗文的成绩抱不平,则是利用了"大数据=全数据"的特性。这个案例告诉我们,如果把研究的样本数量放大,在更宏大的数据视野里得出的结论,就会更加客观,逼近真实。

在 3.6 节所述案例中,通过分析教育大数据辅助学生管理发现,数据在线非常有意义。如果没有数据在线这个过程,很多新价值就发现不了。此外,还要发挥数据的外部性,让不同的数据产生新的连接,才会有新的洞察。

总体来说,大数据的价值所在,就是能从数据中探寻出洞察,而这个洞察,必须是有远见的新知识。知识就是力量,从客户行为数据挖掘出的规律,可以通过计算广告或科技金融的方式,变现为商业价值。

在前面的章节中,我们似乎都在说大数据的优点,但是仅仅从案例中掌握大数据,终归是肤浅的,如果想深刻认识大数据,还必须从方法论甚至哲学层面来认知大数据。这正是下章即将讨论的问题。

思考与练习

3-1　安德森的"理论的总结"观点你认可吗？理由是什么？

3-2　大数据时代,是"重相关",还是"轻因果",你的观点是什么？并给出自己的判定依据。

3-3　数据、模型和理论之间的关系是什么？

3-4　大数据公司(如电商、搜索引擎公司)的数据主要来自消费者,请思考这些数据应该属于谁,并给出原因。

3-5　互联网公司之所以能得到计算广告代理的溢价,阿里巴巴之所以可以把蚂蚁信用评分做出来,根据"天下没有免费的午餐",我们为此付出了什么代价?

3-6 你身边还有来进行商业创新的场景利用大数据来改善自己经营行为,从而创造商业价值的(请任意设想商业场景,不必拘泥于淘宝、美团等大平台)?

本章参考文献

[1] 城田真琴. 大数据的冲击[M]. 周自恒,译. 北京:人民邮电出版社,2014.

[2] ANDERSON C. The End of Theory:The Data Deluge Makes the Scientific Method Obsolete[J]. 2008,16.

[3] 维克托·迈尔-舍恩伯格,肯尼思·库克耶迈尔. 大数据时代:生活、工作与思维的大变革[M]. 杭州:浙江人民出版社,2013.

[4] GINSBERG J,MOHEBBI M H,PATEL R S,et al. Detecting influenza epidemics using search engine query data[J]. Nature,2009,457(7232):1012-1014.

[5] 周剑芳,杨磊,蓝雨,等. 1918/1919 年西班牙流感(H1N1)病原学概述[J]. 病毒学报,2009,25 (B05):8-11.

[6] LONGMAN J. China pool prodigy churns wave of speculation[J]. The New York Times, 2012:A1.

[7] CALLAWAY E. Why great Olympic feats raise suspicions[J]. Nature News,2012.

[8] 马国全,张虎祥. 运动员性能剖析法研究——从"叶诗文事件"谈起[J]. 中国体育科技,2013,49 (1):110-116.

[9] SCHUMACHER Y O,POTTGIESSER T. Performance profiling:a role for sport science in the fight against doping?[J]. International journal of sports physiology and performance,Human Kinetics,Inc.,2009,4(1):129-133.

[10] HAWKINS D M. Identification of outliers[M]. New York:Springer,1980,11.

[11] 王坚. 在线:数据改变商业本质,技术重塑经济未来[M]. 北京:中信出版社,2018.

[12] 周涛. 为数据而生:数据创新实践[M]. 北京:北京联合出版社,2016.

[13] 涂子沛. 数文明:大数据如何重塑人类文明、商业形态和个人世界[M]. 北京:中信出版社,2018.

[14] 刘鹏,王超. 计算广告:互联网商业变现的市场与技术[M]. 北京:人民邮电出版社,2019.

[15] 托马斯·克伦普. 数字人类学[M]. 郑元者,译. 北京:中央编译出版社,2007.

[16] [美]艾伯特-拉斯洛·巴拉巴西. 爆发:大数据时代预见未来的新思维[M]. 北京:中国人民大学出版社,2014.

[17] 车品觉. 决战大数据(升级版):大数据的关键思考[M]. 杭州:浙江人民出版社,2016.

[18] 吴晶妹. 三维信用论[M]. 北京:当代中国出版社,2013.

[19] 廉薇,边慧,苏向辉,等. 蚂蚁金服:从支付宝到新金融生态圈[M]. 北京:中国人民大学出版社,2017.

第 4 章

数据科学的认知方法论

科学革命之所以能拉开序幕,就是因为现有的范式,在探索自然方面,已经停止前行的脚步。

——托马斯·库恩(Thomas S.Kuhn)

大数据之所以能成为研究对象,是因为大数据具备了小数据所不能具备的特征,大数据的容量之大、生成速度之快,以及形态之多变,都是小数据所不能相提并论的。

假设 A 是一幅静态人物肖像,而 B 是每秒播放 24 幅形态不同的人物肖像,那么 B 在数量、速度和类型上都较 A 就有着质的区别:前者是一幅静态的图片,而后者则是一部动态的电影。

类似地,随着人类社会所需存储、分析的数据越来越多,终成今日之大数据。从哲学角度上看,大数据已完成了从量变迈向质变。中国科学院大学哲学教授刘红指出,大数据带来了第二次数据革命,使得"万物皆数"的理念得以实现,这标志着数据发展史上新阶段的到来[1]。至此,数据在科学研究中的地位与作用发生了显著变化,由此也引发了一系列哲学问题,值得我们思考,这正是本章将要讨论的话题。

4.1 大、小数据的"质"不同

当前的大数据,不单纯是数据巨大,而是因为数据的"质"差别非常大,用抽样方法难以保证它的无偏性。传统的统计方法,之所以不能适用于现在的大数据,大致有如下三点原因。

(1) 大数据有 4V 特征,其中最能反映大数据和小数据不同之处的是多样性:由多种数据来源组成的一个全面的数据。在多种数据源的应用环境中,抽样很难保证无偏性(Unbiasedness)。

(2) 统计学家们设计的统计模型,结论的准确性强烈依赖于与结论有关的应用类型。目前大数据的主力军——网络数据呈现长尾分布(长尾理论将在后面的小节介绍),使得传统的标准方差等衡量标准失效,长相依和不平稳常常超过了经典时间序列的基本假设。

(3) 传统的机器学习方法,通过先在较小的数据集样本中学习,然后调整参数,验证分类、判定等假设和模型的适用性,再推广到更大的数据集上。通常来说,一般像 $N\log N$(只说明一个数量级的区别,是什么为底数不重要)、N^2 等级别的算法复杂度是可以容忍的,然而面对 PB 级别的大数据处理,这种算法复杂度已经难以忍受。因此,需要设计新的数据处理算法来适应这一新情况。

科学哲学教授黄欣荣对小数据和大数据“质”的区别,也做了比较到位的描述[2]。

(1) 从采集手段上来说,小数据属于人工数据,是有意测量、采集的数据;而大数据大多数是由智能系统自动采集或人们无意留下的日志数据(例如,用户在搜索引擎中使用的搜索关键字,服务器运行的各种日志等),因为当时没有什么明显的用途,很多大数据一度被称为垃圾数据。

目前,数据排放(Data Emission)——互联网用户留下的点点滴滴(如单击记录、浏览时间、评价内容等),都可以发掘出价值,正成为网络经济主流。在大数据时代,有个口号就是“记录一切数据,等待有趣的事发生”。在特定的生态环境下,用适合的工具挖掘,被称为“垃圾数据”的大数据,仍有价值(世界上本不存在什么垃圾,只是放错了位置而已)。

(2) 从存储介质和处理平台来看,小数据因为容量较小,常存储于本地存储介质中,其处理平台也仅需单机即可完成,数据的处理者清楚地知道数据存储在什么地方,可以编写对应的数据分析程序。

而大数据往往因数量过大,不得已存放于云端,云计算利用虚拟化技术,让用户不知道、也无须知道数据存在哪台云计算的服务器上。就如同用水、用电一样,用户无须知道自来水厂和发电厂在哪里,仅仅需要打开水龙头、按下开关就能得到水资源和电资源。

云计算的本质就是一种通过互联网为连接中介,以租赁服务的方式,为用户提供动态可伸缩的虚拟化资源的计算模式。中国宽带资本基金董事长田溯宁先生曾总结说,大数据与云计算就好比一个问题的两面。如果说大数据是有待解决的问题,那么云计算就是问题的解决方法。通过云计算对大数据进行分析、预测,会使决策更加精准,释放出更多数据的隐藏价值。

（3）从数据性质来说，小数据因有意采集来支持研究者的假设或观点，故此可归属于主观数据。相比而言，大数据则因没有事先渗透主观意图，更能反映数据生产者的真实意图，更显客观性，因此属于客观数据。

此外，根据舍恩伯格的观点，大数据不再是随机样本，而是全体数据。全数据是由多维度数据构成的。一个事物的全息可见，自然比单维度的采集要来得客观。有些商家（特别是大型电商）就是利用顾客的多维度、多层面用户画像，来更全面刻画用户特征，从而达到精准营销。

舍恩伯格在其著作《大数据时代：生活、工作与思维的大变革》一书中[3]，提出了大数据的哲学意义："大数据开启了一次重大的时代转型。就像借助望远镜，让我们能够感知浩瀚的宇宙；借助显微镜，我们能够观测渺小的微生物一样。大数据正作为人类认知世界的新手段、新方法、新工具，改变人们的生活、工作以及理解世界的方式，成为新发明和新服务的源泉，而更多的改变正蓄意待发……"。

由此可见，大数据除了在信息科学领域成为研究热点外，在哲学层面的认知也应有所突破，这也是人类进一步认识世界的迫切需求。

4.2　大数据的数理哲学基础——同构关系

大数据的数理哲学基础是什么呢？在讨论之前，我们先来了解一个哲学小故事，然后慢慢讨论它们之间的关联。

4.2.1　阿喀琉斯追乌龟

在哲学领域，有个著名的"抬杠"故事，那就是"阿喀琉斯追乌龟"悖论，这个故事是由古希腊哲学家芝诺(Zeno of Elea)杜撰而来。

阿喀琉斯(Achilles)是古希腊神话中善跑的英雄。在一场他和乌龟的赛跑竞赛中，他的速度是乌龟的 10 倍，乌龟在他前面 100 米跑，他在后面追。推理的结局是：阿喀琉斯永远追不上乌龟。

为什么会这样呢？这里可是有"缜密"逻辑推理的。过程如下：因为在竞赛中，追赶者想要追上被追赶者，就必须首先到达被追赶者的出发点。当阿喀琉斯追到 10 米时，乌

龟已经又向前爬了 1 米,于是,一个新的起点产生了。阿喀琉斯必须继续追,而当他追到
乌龟爬的这 1 米时,乌龟又已经向前爬了 0.1 米,阿喀琉斯只能再追向那个 0.1 米……就
这样,乌龟会制造出无穷个起点,它总能在起点与自己之间制造出一个新距离,不管这个
距离有多小,但只要乌龟不停地奋力向前爬,阿喀琉斯就永远也追不上乌龟。这个过程
如图 4-1 所示。

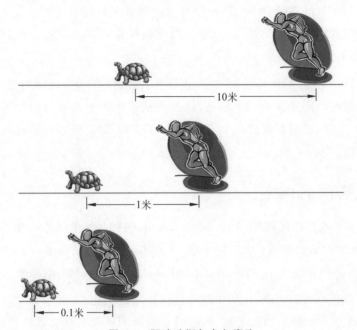

图 4-1　阿喀琉斯与乌龟赛跑

　　从上面这个推理可知,乌龟这个跑得慢得多的物体,却不会被比它跑快得多的阿喀
琉斯追上。而实际情况却恰恰相反,阿喀琉斯是很容易追上乌龟的。逻辑推理层面与实
际情况之间,形成了一个很奇怪的悖论。

　　话说在哲学家芝诺之后的上千年里,总有人不断地试图找出芝诺逻辑上的破绽,包
括阿基米德和亚里士多得,都没有给出合理的回答。直到牛顿、莱布尼茨等人提出了微
积分,提出了无穷小量和极限的概念,才做出了比较圆满的解释[①]。

---

　　① 为简化起见,如果我们忽略单位,芝诺悖论中数学问题实际上是几何等比数列求和,即 $1+1/10+1/100+\cdots+1/10^n$,当 n 趋向无
穷大时,这个和并不是无穷大,利用等比求和公式 $S_\infty = \dfrac{a_1}{1-q}$ 很容易算出,这个数列收敛为 10/9,很显然,这是一个有界数。

当逻辑推理和生活经验有矛盾时,只能有两个判断,一种判断就是经验错了。例如,到底是地球围绕太阳转,还是太阳围绕地球转?在"太阳围绕地球转"这件事上,经验就错了。还有一个可能性就是,看似正确的逻辑,其本身可能就有问题。芝诺悖论的判定并不显而易见,不然也不会争论数以千年,但它的错误,但的确就属于第二种。

事实上,这个悖论所以会与现实看到的情况相差甚远,就是因为芝诺采取了一个与现实生活中不同的时间系统。人们已经习惯将运动看作时间的连续函数,芝诺的解释则采取了离散的时间系统。也就是说,无论将时间间隔取得再小,整个时间轴仍是由无限个时间点组成的。

在这个推理中,善跑的阿喀流斯之所以追不上慢速的乌龟,是因为把无限细分的时间点和有限的连续时间建立了一个联系,这就变成一个无限与有限对比的系统,二者之间是不同构的。不同构的东西放在一起比,违反了常规思维,是没有意义的,因此就很容易陷入这种悖论。

话说在芝诺之后的上千年里,总有人(包括亚里士多德)不断地试图找出芝诺逻辑上的破绽,但都没有给出好的回答。不过亚里士多德的思考还是道破了这类悖论的本质,有限和无限对应不上。直到牛顿、莱布尼茨等人发明了微积分,发明了无穷小量和极限的概念,才作出了比较圆满的解释。

4.2.2 大数据的同构映射

什么是同构?在抽象代数中,同构(Isomorphism)指的是一个保持结构的双射。也就是说,存在一个态射 f,且存在另一个态射 h,使得 f 和 h 之间的复合是一个恒等态射。如果忽略掉同构的对象的属性或操作的具体定义,单从结构上讲,同构的对象是完全等价的。

大数据通常包括人们生产、生活中创造的大量的结构化(如关系数据库存储的数据)和非结构化的数据(如图像、声音等)。这些数据可视为人类对社会和自然的认识与实践的活动轨迹。

大数据真正具有划时代意义的是,大数据覆盖了人类对于外部世界的全部感知。这些形形色色的、反映事物多样化属性和规律的大数据,都可以统一表现或 0 或 1 的电子化数据形式,它们按照一定逻辑关系实施编码,具有可计算性和可逆性,可以还原为对象的最初的直观表象。

数据如果仅仅是有根据的数字,而不和对象连接起来,那是没有任何意义的。数据一旦和具体事物联系起来,处于观察对象位置,就可以体现出这一具体事物的数和结构的关系。

在之前的小数据时代,由于采集的数据有限,对表征对象的刻画犹如临水照花,水波荡漾,花的影子也变化无穷,这样就难以利用水中之影来完全认知花之真身。

而现在,之所以说大数据时代具有颠覆性,就是因为,目前一切事物的属性和规律,只要通过适当的编码(即数字介质)都可以传递到另外一个同构的事物上,得以无损(或称等同)全息表达。用舍恩伯格在《大数据时代:生活、工作与思维的大变革》所言,$n =$ All。在这种意义上,科学哲学研究者李德伟认为[4],大数据与世界本身是对等的,或者说是同构的,示意图如图 4-2 所示。

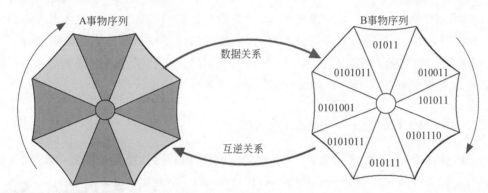

图 4-2 大数据的数理哲学基础——同构关系

大数据正是通过量化一切而实现对整个世界的数据化(Digitization),这很可能改变人们认知和理解世界的方式,即带来全新的大数据世界观。换句话说,现在的大数据,用与世界同构的数字关系模型,反映了人类接触到的所有外部事物的活动轨迹。

在大数据时代,一切结构或形体的关系,都可以归属于数据关系,并通过人的感觉映像载体,表现出对象与感觉映像的同构关系。从前面的分析可以得知,同构就意味着等价。因此,现在的大数据科学研究,无非就是通过研究已经被表征出来的数据,反向揭示被表征对象的规律和本质。从应用方面,如果能正确掌握到这个同构关系,就能达到人类通过数字认识自然的目的。

如果说"万物皆数"是毕达哥拉斯学派的一种理念、一个梦想,那么大数据时代,在某种程度上就相当于让这个理念成功落地,让这个梦想成为现实。

数据已经成为事实上的认识来源。离开数据,人们对于世界一无所知。宇宙中的一切事物之间,都存在着具有时空一致性的同构关系。从这一角度看,同构关系就是大数据的数理哲学基础。

目前,大数据研究的关键点在于,我们所知的世界虽然可能全部由数据表征,但仅有一小部分获得理解和解释,而更多的数据并没有得到解释,甚至没有得到关注,它只是如同暗数据(Dark Data)那样埋藏于人们的认识之下,等待着人们去搜索发现、解释、运用。

4.3　大数据的认知论

大数据的出现,导致人类认知世界的层次发生了根本性的变化。数据成为人们思维的资料,认知的源泉。人们对世界的解释,转变为对数据的解读。当人们寻求世界的本质和意义时,实际上是借助大数据分析之舟,在数据的海洋中徜徉。当我们觉得有所发现、有所感悟时,实际上不过是找到了一些数据之间的关联罢了。下面简单梳理一下科学研究的主要方法论,从而过渡到大数据认知方法论的讨论上。

4.3.1　科学始于观察——逻辑证实主义

自然现象,五光十色,千姿百态,人类理智的窗户,面对这浩瀚无边的复杂现象,能不迷惑吗? 弗朗西斯·培根(Francis Bacon,1561—1626 年,见图4-3)探明其理,提出过一套实验科学研究方法。

图 4-3　弗朗西斯·培根

培根认为,通过三表法[①],就能把经验材料分三类整理完毕。借此,培根说:"第三步,我们必须应用归纳,真正适当的归纳。这种归纳就是解释的钥匙"[5]。鉴于三表法实施起来的第一步就是观察,所以秉承培根研究方法论的科学家们认为,**科学始于观察**。观察,就是指人类利用观感从外部世界获得知识的活动,或利用科学仪器记录数据的活动。观察在科学研究中起到重要作用。通常认为,观察的内容是自然界给予人们的,观察的结果构成人们可二次利用的数据[6]。

自培根时代以来,逻辑证实主义(有时简称为证实主义)日渐兴起,在很长一段时间内占据统治地位的科学方法论就是培根创始的归纳法[②]。所谓归纳法,就是从单称陈述(观察或实验结果的报告)推导出全陈述(假说或理论)的推理。

从逻辑实证主义角度看,科学就是这么一套方法及其产生的结果:基于众多经验提出理论,然后依据理论做出预测。如果预测获得验证,那么理论就获得了支持。这套证

---

① 即具有表、差异表和程度表(Tables of presence,of absence,and of degree)。
② 由于是培根最早把经验主义形成一种系统的科学方法论,因此,培根也被称为经验主义之父(Father of empiricism)。

实机制的流程就是：观察—归纳—证实。

证实主义者认为，建立科学理论就是一个归纳过程。他们试图发展一种科学逻辑，以便从个别事实到普遍主张的归纳过程，变得更加牢靠。例如：

（1）"在 a 地看见一只白天鹅"（经验 1）；

（2）"在 b 地看见一只白天鹅"（经验 2）；

（3）"在 c 地看见一只白天鹅"（经验 3）；

……

从上述众多观察经验中，证实主义者就可以推演出"凡天鹅皆为白色"的理论，这就是可推演性的一种表现。只有理论有了预测力，才会产生价值。在 x 地看见一只天鹅，请问它是什么颜色？ 套用上述理论，很快就会得出结论"在 x 地看见一只天鹅是白色的"。如果在 x 地看见一只天鹅，真的是白色的，那么"凡天鹅皆为白色"的理论就得到了进一步的"证实"。

逻辑实证主义者抓住科学研究的核心环节——有一分证据，说一分话。该理论非常符合人类的认知直觉，科学理论来自人类真实的经验，也就是观测和实验。与此同时，观测实验得到的证据，还需要以严谨的逻辑组织起来，这就是逻辑＋实证。逻辑实证主义的名字正是由此而来。

我们日常生活中大多数的知识，就是依据逻辑实证主义而来。哲学家大卫·休谟（David Hume，1711—1776 年）也是这么认为的，他承认人类大多数知识的确都是来自归纳法。但哲学家通常有爱较真的特点。休谟认为，逻辑证实主义的问题就出在"逻辑"二字上，因为它有逻辑漏洞。

科学理论是全称判断的（即科学结论具有普适性）。再举上面的例子：我们如何用经验证明"凡天鹅皆为白色"？ 要给它以经验证明，全天下的天鹅就得一只只数过来，这当然是数不尽的。因此，在"天鹅是白色的"与"所有天鹅都是白色"之间，有一条经验跨不过去的鸿沟。

换句话说，有限次数的观察，怎能得出普遍结论呢？ 谁能保证下一次观察的结果会不会不一样呢？ 有一份证据，说一份话，听起来挺对，但如何知道下一个证据来了，就不能颠覆上一个证据呢？ 这就是著名的休谟难题（Hume's problem）。然而，休谟也很无奈的感慨："虽然我们必须靠归纳推理，但归纳推理自己却是靠不住的。它的前提是相信未来跟过去相似，但这一点没有谁能确保。你之所以总是使用归纳推理，那是因为本能，也因为没有更好的办法。"

科学哲学史上有一个"火鸡"悖论,这是英国哲学家罗素(Russell,1872—1970 年)提出来的,用来讽刺这种归纳方法的局限。话说有一只有科学精神的火鸡,观察到一个事实,每天上午十点都有人来给它喂食。作为认真的研究者,火鸡并没有草率地下结论,而是耐心地继续观察和记录,日复一日,观察了一年,积累了大量的观测记录。根据这些大量的观测记录,火鸡归纳出结论:每天上午十点,就会有人来喂食。然而,这个理论在感恩节那天被无情推翻了。那天不但没人来喂食,火鸡们还都被人抓出去宰了。归纳法的逻辑漏洞如图 4-4 所示。由此可见,再多的观测和实验,再认真翔实的记录,以及随后的归纳,从逻辑上来说,都无法推导出普遍性的理论。

图 4-4　归纳法的逻辑漏洞

但是,你可别觉得这个问题是在抬杠。正是因为哲学家们"吹毛求疵",才一次次地推动了科学的发展。比如说,在某种程度上,如果不是芝诺提出若干悖论,让无数科学家思考解决方案,或许就没有牛顿和莱布尼茨的积分和导数(无穷小)概念的提出。

对逻辑实证主义的反思也是这样。就在很多人认为休谟归纳难题无解时,另外一位哲学家把对科学的认知大大往前推进了一步。这位哲学巨匠就是英国著名哲学家波普尔(Karl Popper,1902—1994 年)。

4.3.2　证实主义的困顿——来自波普尔的批判

1902 年,波普尔(见图 4-5)出生在奥地利。他年轻时,维也纳就是欧洲的思想中心。各种学派繁荣纷呈,波普尔深受各种学派的影响和洗礼,并逐渐形成了自己独特的认知。

1915 年,爱因斯坦发表了广义相对论,当时有不少反对声音。其中以主张"以太理论"及绝对空间的美国物理学家戴顿·米勒(Dayton Miller)对相对论的批评最甚,米勒还试图用实验推翻爱因斯坦的相对论。当米勒宣布他拥有否定狭义相对论(the special theory of relativity)无可辩驳的实验证据时,爱因斯坦立即很硬朗地表态说(通过对朋友的私人信件):如果米勒的实验结果是有根据的话,那么他将放弃他的相对论。

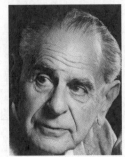

图 4-5　卡尔·波普尔

爱因斯坦不仅提出了伟大的理论,还对自己理论以一种证伪的态度坦诚面对科学共同体。这对年轻的波普尔产生了决定性的影响。波普尔认为,做科学研究,就应像爱因斯坦这般模样。

后期,波普尔提出科学的可证伪性,就深受爱因斯坦言行的影响。波普尔说:"爱因斯坦对我的思想影响极大,甚至可以说,我所做的工作,只是蕴涵在他工作中的某些观点的明确化,没有爱因斯坦,永远不可能有我的观点。"

波普尔认为,可证伪性是科学不可缺少的特征,凡是不能被经验证伪的命题,例如迷信、占星术等等,都属于非科学领域。

波普尔认为,逻辑证实主义之所以不可能,就是因为,如果想证实某一现象,就要核实所有现象,而这样的实例通常是无限多的,而我们所能观察到的仅仅是有限的实例。以有限之实例,去核实无限之论证,这本身就是非同构的,而非同构的事物拿来比较,意义不大,甚至会带来错误的结论或悖论。

波普尔认为,科学定律及理论都是全陈述,但这种全陈述不能只是无数单称观察陈述叠加而成。正如爱因斯坦所说的那样,从单称陈述到全陈述是没有"逻辑通路的"。如前所述,即使在不同地点观察到一千只,甚至一万只,乃至更多只天鹅是白色的,也不能说明所有天鹅(全陈述)都是白色的①。

从直觉上讲,归纳法存在的问题是无解的。因此,波普尔认为,科学定律及理论不可能从观察陈述中推演出来,也不可能被观察陈述证实。于是,波普尔提出了可证伪性,作为科学和非科学的分界标准。

因此,在波普尔眼里,"明天这里会下雨"这个陈述是科学的,因为它可以证伪。而"明天这里下雨或不下雨"这一陈述就是不科学的,因为不管明天怎么样,它都是正确的。针对证伪主义,有学者总结到,有明确标准可以被放弃的知识,才是上等的好知识。

4.3.3 科学始于问题——波普尔的贡献

波普尔对科学精神做了两点非常关键的诠释:科学的可证伪性;科学的阶段性正确。波普尔的一个贡献在于,他给归纳法提供了一个可能的解决方案。波普尔的证伪主义,是以经验检测的可证伪性,而不是用可证实性,作为科学与非科学陈述的划界标准,并以"问题—猜想—反驳"的试错机制[7],代替"观察—归纳—证实"的实证机制,为科学知识的成长提供了新的解释。

波普尔否定了"科学始于观察"的论点,提出了"科学始于问题"的论点②。可证伪性增加了科学的动态迭代,使得科学知识摆脱封闭限制。波普尔指出,观察和实验都离不开理论,认为"科学始于观察"的判断是荒谬的。例如,如果你对学生讲:"拿起笔和纸,仔细观察,写下你观察的东西"。学生肯定就会问:"要我们观察什么呢?"即使是观察,也总是要选择的,需要有一个挑选的对象,一个特定的任务、一种兴趣、一种观点或一个问题。如果说科学始于观察是一个命题,那么这个命题首先要回答观察什么,为什么观察,如何观察,而这些都是问题。

实验的目的是检验假说或理论,实验的设计要以理论来指导,实验结果的解释也离不开理论。也就是说,观察当中实际上渗透着理论。

而理论又是什么?本质上,理论是一种对自然界的普遍性的猜测,而猜测总是从问题开始的。那什么是问题呢?所谓问题,就是观察与理论之间的矛盾和不一致。具体体

---

① 17世纪之前的欧洲人认为天鹅都是白色的。之后,在澳大利亚就发现了黑天鹅,随着第一只黑天鹅的出现,这个不可动摇的信念就崩溃了。后人常用黑天鹅事件(black swan event)来形容难以预测且不寻常的事件。

② 需要说明的是,波普尔认为,"科学"并不是"有意义"或"有价值"的同义词,更不是"正确"或"真理"的同义词。科学知识也不是人类唯一有意义的智性事业。他强调,科学理论都只是暂时的、尚未被证伪的假设。一些非科学的东西(即无法证伪的知识),如传说、神话及心理学等,都有其积极意义。

现在三个方面：第一，理论与观察不一致；第二，理论与理论之间不一致；第三，理论内部不一致。有了这些不一致的问题，人们就要对它进行猜想，于是就有了新的理论。因此，波普尔断言"科学始于问题"。

按照波普尔的观点，科学的增长过程是：第一，科学开始于问题；第二，科学家针对问题提出各种大胆的猜测，即理论；第三，各种理论之间展开激烈的竞争和批判，并接受观察和实验的检验，筛出逼真度较高的新理论；第四，新理论被科学技术进一步所证伪，又出现新的问题。以上四个环节，循环往复，不断前进[8]。

在波普尔看来，提出一个好的科学问题，就已经了成功一半。因此，从某种意义上说，科学始于问题，科学在本质上就是一种解题活动。

4.3.4　科学始于数据——数据科学带来转机

从上面的分析可知，科学哲学史中存在两大基本流派——逻辑实证主义和证伪主义，二者均将理论和数据之间的关系，置于科学的核心。不同的是，逻辑实证主义强调的是科学是个归纳过程，数据起到支撑性作用；证伪主义则更加强调科学与非科学的划界标准，数据起到判定性作用[9]。

大数据催生了一种新的科学研究模式：科学始于数据。传统科学哲学认为，科学要么来源于经验观察（即第一科学研究范式），要么来源于所谓的正确理论（即第二科学研究范式），如果实验不好做，就用计算机来模拟仿真（即第三科学研究范式）。而在大数据时代，在第四科学研究范式的指导下，通过让数据发声，提出了"科学始于数据"这一知识生产新模式（更多有关范式的讨论，可参考 4.3.5 节的内容）。

从认识论的角度来看，在当前的大数据时代，观察的表征形式就是数据。数据成了科学认识的基础，而云计算、数据挖掘、高性能计算等数据分析手段，将传统的经验归纳法发展为大数据归纳法，为科学发现提供了认知新途径。

大数据作为客观经验的一种表征方式，带来了一种崭新的数据分析方法。在方法论层面，带来的最大转变莫过于"数据可计算"的理念。在大数据时代，数据已经泛化为所有的电子记录。英国科学家斯蒂芬·沃尔夫勒姆（Stephen Wolfram）一直致力于"让世间的数据可计算"。而沃尔夫勒姆是数学软件 Mathematica 和计算型知识引擎 Wolfram

Alpha①的主要设计师。

在数据可计算上,Wolfram Alpha 已做了有意义的尝试,其特色是可以直接向用户返回答案,而不是像传统搜索引擎一样提供一系列可能含有用户所需答案的相关网页。Wolfram Alpha 根据内置的由精选结构数据组成的知识库计算并提供答案,并返回相关的可视化图形。比如说,我们想知道中国 GDP 与微软公司年收入的比值,就可以在搜索框中输入 china GDP / microsoft revenue,即可得到如图 4-6 所示的结果 98.11,甚至还能得出理念比值的可视化图。

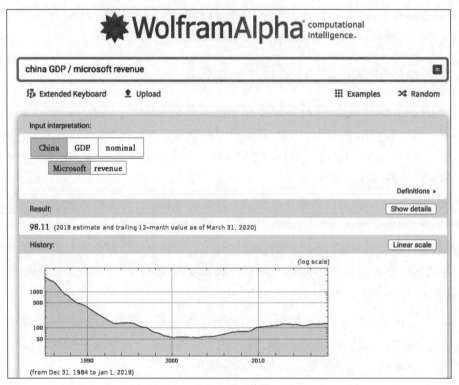

图 4-6 数据可计算的范例

从图 4-6 可以看出,Wolfram Alpha 之所以能有这般表现,是因为计算后台必须具备两项能力:①自然语言处理的能力,把人类的语言转换为可计算的语言;②海量数据的

---

① 由 Wolfram Research 公司推出的一款在线自动问答系统,它是微软公司的必应搜索引擎和苹果公司的 Siri 后台所使用的问答系统之一。

采集能力,需要采集各类数据,以备用户查询和计算。这就要求各类数据必须在线、可采集、机器可读。

　　再比如,搜寻蛋白质序列 AGAGCTAGCTAGCT,则会显示其中碱基对在人体基因里出现的位置,就如同 Wolfram Alpha 自己的口号那样,计算可以带来智能(见图 4-7)。

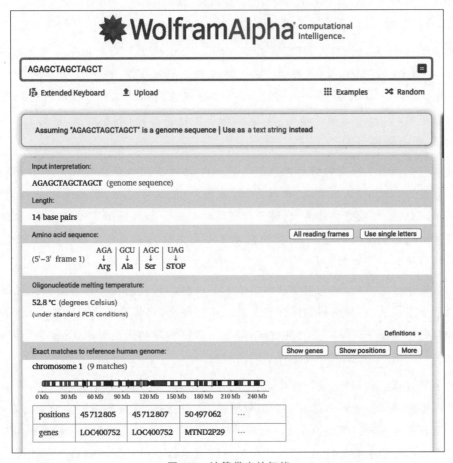

图 4-7　计算带来的智能

　　如果说 Wolfram Alpha 仅仅能计算已有的(广义)数据,结果其实已经蕴涵在前提里了。那么下面这个案例的结果,可能就大大超出预期——数据计算的结果,则是全新的知识发现。

　　案例的主人翁是 J. Venter 博士,Venter 1946 年出生于美国盐湖城,是生物学家兼企业家。2000 年 7 月,Venter 与人类基因组计划代表 F. Collins[1] 同时被选为《时代》杂志的封面人物。2007 年他入选世界上最有影响力的人物之一。他都做了什么事? 以至于有这么大的影响力? Venter 曾经和美国政府资助的科学家共同竞争完成了人类基因组测序的工作。2010 年 9 月《纽约时报》刊登了一篇有关 Venter 的文章,文章说,Venter 的商道就是他的科学(His Corporate Strategy:The Scientific Method)[2]。Venter 自己也说,他经商的目的,不过是通过不同的途径筹钱,然后来做他感兴趣的科研项目。

因为 Venter 是科技名人,具有明星效应,所以他能从诸如油业巨头埃克森美孚公司(Exxon Mobil Corporation)等那里,筹集到数以亿计美元的科研经费。他的公司叫 Synthetic Genomics(意为合成基因组),做起了合成基因组的工作。当别人还忙着"读"基因组密码时,Venter 已经开始在"写"基因组了。他曾利用 DNA 数据,合成了一个新的人造细菌,引起轩然大波。

基因组数据属于典型的科研大数据。Venter 通过基因组数据发现了上千种"未知"的细菌种类,然而他对这些所谓"新细菌"种类的外形、生活习性、形态等几乎一无所知。也就是说,他通过对数据的计算,代替了对事物的观察。如果根据基因组数据(仅仅通过数据计算),就能发现新物种,而该物种在传统方法下被判断为已有物种,那么便发生了伦理层面的冲突——数据真的能"算"(生)命吗?

大数据是可计算的,这为科学领域增添了一条新的研究路径。这条研究路径并非只在基因科学走得通,在材料科学同样有前景。举例说明,当年爱迪生发明电灯,他需要找到一种在通电状态下能持续发光的材料,但不知道哪种材料满足要求,只能利用穷举法,一种一种地去试,一直试了好几千种不同的材料。

时至今日,这个材料选取的过程,能不能自动化呢? 在回答这个问题之前,我们先利用第一性原理定义一下什么是材料。追根溯源,所谓材料,就是把不同物质混合在一起。元素周期表里的物质终归是有限的,如果科学家们非常了解物理学,每种物质在不同条件下的性能都熟稔于心(这个记忆工作当然可以交给计算机),那材料科学家就可以随意挑几种物质混合在一起,这样不就可以在理论上计算这个新材料的分子结构和性能吗? 这样一来,材料选取问题,不就是变成了一个数据可计算问题吗? 2011 年,美国总统奥巴马宣布了"材料基因组工程"(Materials Genome Initiative,MGI)。这是一个开源项目,

---

[1] 美国遗传学家,美国国立卫生研究院院长,领导人类基因组计划,并发现了多种疾病基因。

[2] Zemanta. His Corporate Strategy:The Scientific Method. http://www.nytimes.com/2010/09/05/business/05venter.html.

它把已知的大概一万种材料数据输入计算机中，利用人工智能技术，把想组合的新材料，利用计算机先做个虚拟实验，计算出新材料的预期性能（见图 4-8）。

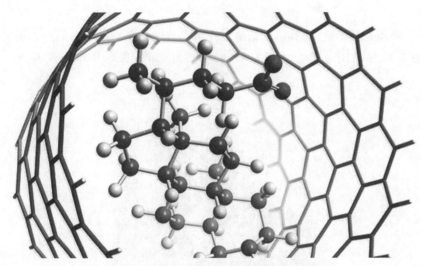

图 4-8 利用材料基因组工程计算出新材料

类似于 Venter 发现新基因的思路，材料基因组工程同样可以用来发现新材料。当然，这种计算出的新材料，在后期还需要做实体材料验证。不管这种材料是否真的能够合成，但至少为材料科学家们提供了一种新的选材方法。

好消息是，目前材料基因组系统已达到了实用状态。有了这个系统，材料科学家就可以快速排列组合，去扫描各种新材料的可能性，就不用像爱迪生那样盲目地做测试了。在理论上，甚至可以穷举各种可能性，找到一种应用材料的最优解。使用这个方法，材料科学家已经找到了很多新材料，比如用于飞行汽车的碳纤维化合物，用于发动机的高性能合金，用于医疗的人造关节、人造肌肉及人造皮肤等[10]。

一方面，大数据的确提供了一种新的科学研究范式（这个概念随后的章节会详细讲到）。另一方面，大数据分析方法又与传统的"科学始于观察"的经验论比较接近。这是因为，在某种程度上，数据就是观察的另一种表征形式。所以，人们要在历史教训中成长，避免滑入否定理论作用的经验主义泥潭。从这个意义上讲，"科学始于数据"与"科学始于问题"或许更应该有机地结合起来。

4.4 大数据科学研究的第四范式

大数据所用到第四范式,其实就是建立在科学哲学家托马斯·库恩(Thomas Kuhn, 1922—1996 年,见图 4-9)提出的范式基础之上。下面讨论库恩本人及其提出的科学范式。

图 4-9 托马斯·库恩

4.4.1 库恩与范式

在库恩之前,人们普遍认为,科学的发展是单纯的知识积累,是从 0 到 1,再从 1 到 100,是个逐步渐进、越来越精确的过程。以物理学为例,就是从亚里士多德开始,逐步发展,不断积累而形成的。顺着时间线,从亚里士多德、伽利略、到牛顿、爱因斯坦等众多物理家一路研究下来,库恩有了一个惊人发现,那就是科学的历史演化虽然有积累,但更多的是有很多革命式的跳跃。比如,亚里士多德时期从事的物理学研究,就与牛顿时期从事的物理学研究,有着完全不同的模子,他们是用完全不同的方法在做研究。

库恩的研究发现,科学的发展有点像造房子。先是按照过去的图纸造,功能需求和装修风格也是当时的,也能住人(即在当时的环境下,科学具有一定的解释力)。但是随着发展,有些功能不够用了,装修风格也不合时宜了,那怎么办? 刚开始主人还不舍得推倒重建。于是,主人就这里修修,那里补补,内部装修改改,也能支撑不少时间。直到有一天,房屋主人发现实在是支持不下去了,一切推倒,重新设计、建造。虽然很多建材用的还是老房子拆下来的,但在本质上已然是一所全新的房子了。

库恩认为,科学就是间歇式的"革命"过程。一开始,不断在老观念里小修小补,到了不得不推倒重来的时候,再来一个大颠覆,这才是科学发展的真相。库恩觉得自己有责任还原这个科学发展的真相。于是,他放弃了物理学,专门做起了科学史研究。

终于在 1962 年,库恩发表了他最重要的科学哲学著作《科学革命的结构》[11],提出了著名的概念"范式"(Paradigm)。在词源上,据科学伦理学家邱仁宗先生介绍①,范式一词原意就是词尾变化。在拉丁文中,动词的第一人称、第二人称及第三人称的单复数是不同的,但变化的是有规则的。在修辞语法上,把这种变化规则通常用一个范例(Exemplum)来表示。

库恩就是借用了语法上的 Paradigm 一词来说明范式中的范例、模型、模式等含义。但范式并非等同于语法中的词尾变化,因为科学中的范式很少是重复的。

简单说,库恩提出的范式是指,在常规科学时期一个科学共同体成员所共享的信仰、价值和行为方式。换句话说,范式可视为是团体承诺的集合。同领域的科学家之间常常交流一些外行人听不懂的"行话",这就是因为他们采用了共同的范式。

每一次科学革命,无论是伽利略、牛顿,还是爱因斯坦,本质上都不仅仅是具体结论上的刷新,而是一次范式转换。这里面不仅有科学的递进,还有全套价值观和方法论的变革。

库恩认为,如果某个学科没有一个共同的范式,那么恐怕连科学都算不上。例如,在很长时间内,社会科学被不少学者质疑为伪科学,就是因为很难找到一个统一的范式来处理本学科的问题。很多人认为,社会科学大多都是坐而论道。但何为"道"?"道"的评判标准是什么,社会科学领域有很多学派,一时难以找到大家都能接受的规范。

对于同一个现象,不同学派给出的解释可能会不同,有时还可能是相互矛盾的,而且也缺乏中立的标准来判别孰是孰非,因而整个学科就停留在这样一种莫衷一是的状态。例如,当前火热的人工智能科学亦是如此。对于"什么是智能""如何在机器上实现智能"这样的根本问题,人工智能专家也无法给出有共识的答案,有时甚至还存在基本概念上的、哲学层面的争论。

例如,以 AlphaGo 为代表的人工智能,取得了突飞猛进的发展。然而,AlphaGo 理论基础之一的深度学习[12],即使受到很多计算机科学家和算法工程师的追捧,但它的黑箱模型缺乏可解释性,能最终实现所谓的"智能"吗?批评之声,始终不绝于耳。

有人的地方,就有江湖。库恩的范式理论看起来中正平和,只是在解释科学革命的结构,实则暗流汹涌。拿波普尔的理论一对照就会发现,其实它在说,批判和证伪是科学革命、范式转换时才发生的事。在平时,哪有那么多批判?主要是建设。哪里有那么多证伪?主要是证实。这样看来,是不是和波普尔有点针锋相对?

----

① 亦有文献将 Paradigm 译作"范型",见邱仁宗先生所著《科学方法和科学动力学》(第三版),高等教育出版社,2013。

数据科学和人工智能是否能以此确立范式,并成为成熟的科学,仍有待于观察。在不成熟的科学中,一切都可以争论,争论学科的基础问题,很可能也是当前学科的前沿问题。

4.4.2 科学研究的前三个范式

随着科学技术的不断发展,范式的内涵和方法,也相应地不断拓展和发生变化。图灵奖得主吉姆·格雷(Jim Gray)在生前最后一次演讲中,把人类科学研究方法的演变,归纳为四个范式,分别简介如下。

几千年前的科学,人们以记录和描述自然现象为主,称为实验科学(或称经验科学),即第一范式。图 4-10 所示为第一范式的案例。比较著名的案例有伽利略的比萨斜塔铁球重力实验[①]。伽利略通过对落体运动做细致的观察之后,在比萨斜塔上做了"两个铁球同时落地"的实验,从此推翻了亚里士多德"物体下落速度和质量成正比"的学说,纠正了这个持续了 1900 年之久的错误结论。

图 4-10 第一范式案例(用望远镜观察星空)

实验科学是以实验方法为基础的科学。这套理论体系,自从 17 世纪的科学家弗朗西斯·培根阐明之后,科学界一直沿用。培根指出,科学必须是可实验的、可归纳的,真

---

① 事实上,这个实验案例的真实性是有待商榷的。例如,就有学者认为,这个实验可能是由伽利略的学生维瓦尼(Viviani)为老师贴金而伪造的。更为详细的描述,可参阅《上帝掷骰子吗》(曹天元 著)一书。但由于这个实验影响实在太大,加之又没有明确的证据证明为假,所以这里暂且保留。即使为假,在第一科学范式中,还是有非常多有代表性的案例,如人类远古时代的钻木取火,古希腊时代的阿基米德(Archimedes)浮力实验等。

理必须辅以大量确凿的事实材料为依据,他提出了一套实验科学的三表法,即寻找因果联系的科学归纳法。

这些研究受限于当时实验条件,难以完成对自然现象更为精确的解读。于是,科学家们就不得不尽量简化实验模型,抛弃掉一些琐碎而不重要的干扰,仅仅留下关键因素。例如,在物理学中,常见有诸如"平面足够光滑""时间足够长""空气足够稀薄"等令人费解的条件描述,然后利用简化的模型,通过演算,进行归纳总结,从而发展出理论科学,这就是第二范式。

理论科学通常是经验科学的对称。它是人类对自然、社会现象按照已有的实证知识、经验、认知等,经由一般化(generalization)[①]与演绎推理等方法,进行合乎逻辑的推论性总结。理论科学偏重于理论总结和理性概括,强调较高普遍的理论认识。

第二范式从 17 世纪左右开始,一直持续到 19 世纪末。其中典型案例有:牛顿的三大力学定律成功解释了经典力学,麦克斯韦方程成功解释了电磁学,经典物理学大厦被这些文明之光,如图 4-11 所示。

图 4-11　第二范式案例

但在此之后,量子力学和相对论相继出现,科学更是以理论研究为主。科学成就主要取决于科学家们超凡头脑的思考和复杂的计算。但同时也伴随有很多问题,只有得到实践验证,理论才能更有说服力。

随着理论验证的难度和经济投入成本越来越高,科学研究愈发困难,即使在科学技

---

①　这里的一般化也可称为弱抽象,是指由原型中选取某一特征或侧面加以抽象,从而形成比原型更为普遍、更为一般的概念或理论。

术更为发达的今天,有些实验的验证,其成本之高昂,也让人们望而却步。

比如说,建在欧洲核子研究中心(European Organization for Nuclear Research)的大型强子对撞机(Large Hadron Collider,LHC),它是人类迄今为止建造的最大、最复杂的科学设备。其主要科学目的之一就是验证希格斯玻色子(Higgs boson,又称上帝粒子)是否存在。这个LHC试验场,位于日内瓦附近瑞士和法国交界地区地下100米深处、周长约27千米的环形隧道内,东起瑞士的日内瓦湖,西至法国的侏罗山。在建设的20多年时间里,LHC耗资55亿美元。这个实验场地之大、耗时之长、花费之多,令人瞠目结舌。

为了节省实验(时间上的和物质上的)成本,科学家们不得不开始思考,能否找到一种更为经济可行的科学研究范式,来验证或推演科学家们的研究呢?

20世纪40年代前后,艾伦·图灵和冯·诺依曼等人先后提出了现代计算机的原型和实现架构,为解决上述问题提供了契机。之后,计算机领域蓬勃发展。利用计算机对科学实验进行模拟仿真的模式,得到迅速普及。通过计算机,人们可以对复杂现象通过模拟仿真,从而推演出越来越复杂的现象。

计算机模拟的逻辑推理是,如果你承认我所用的理论都是对的,那么在力求和真实实验环境非常相似的模拟场景下,概率也会承认我计算模拟的结果。随着计算机仿真越来越多地取代真实实验,这种方法也逐渐成为科研的常规方法,于是,就诞生了计算科学,即为第三范式。

在实际应用中,计算科学主要针对各个学科中的问题,进行计算机模拟和其他形式的计算。典型的案例有天气预报、飞机的风洞实验等,如图4-12所示。

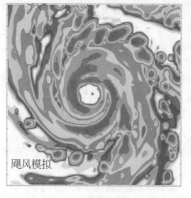

(a) 天气预报　　　　　　　　　　　　　　　　(b) 飞机的风洞实验

图4-12　第三范式案例

4.4.3　数据科学的第四范式

　　未来科学的发展趋势是,随着数据的爆炸性增长,计算机将不仅仅能做模拟仿真,还能进行分析总结,甚至得到理论。数据密集范式理应从第三范式中分离出来,成为一个独特的科学研究范式,也就是前面提到的第四范式。

　　随着科学技术的进步,特别是在大数据时代的来临,通过密集计算发现新知的思路,变得愈发清晰。吉姆·格雷在生前的最后一次演讲中指出:今天以及未来科学的发展趋势是,随着数据量的高速增长,计算机将不仅仅能做模拟仿真,还能进行分析总结,形成理论。也就是说,过去由牛顿、麦克斯韦、爱因斯坦等科学家从事的工作,未来可以由计算机来做。以吉姆·格雷为首席科学家的微软公司,也为这种寻找问题答案的解题思路,兴奋不已,并将其称之为第四个范式(the fourth paradigm of science),如图 4-13 所示。

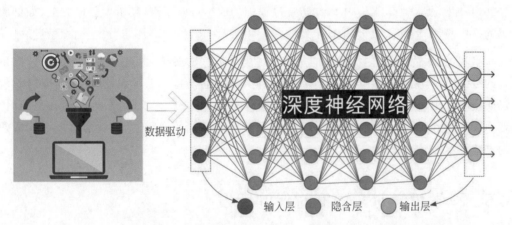

深度学习(deep learning)是机器学习的分支,是一种以人工神经网络为架构,对大数据进行表征学习的算法,目前是人工智能的前沿研究领域。

图 4-13　阐述吉姆·格雷倡导科学第四范式——基于数据驱动的研究方法

　　2007 年 1 月,吉姆·格雷在海上驾船离奇失踪。格雷的同事托尼·海依(Tony Hey)等人,为了纪念他,根据他最后一次的演讲精髓,撰写了《第四范式:数据密集型科学发现》(*The Fourth Paradigm:Data-Intensive Scientific Discovery*)一书[13]。

　　与吉姆·格雷有着类似观点的,还有中国计算机科学家李国杰院士。他认为[14],在诸如 PB 级别的数据上,有足够多的数据做担保,可以在一定程度上松弛对科学研究的要求。比如说,即使没有特定的模型和假设,也能分析数据,得出结论。未来可以把有关联的数据放置于巨大的计算机集群中,利用大数据适用的统计分析算法,就可能发现过去科学方法不曾发现的新模式、新知识,甚至新规律。

实际上,谷歌公司的广告优化配置、预测流感的 GFT 系统,以及战胜人类的 IBM 沃森问答系统,都是基于第四范式的思路来实现的。

有学者还认为,第四范式真正了不起的地方,还在于它的客观性,就其本质而言,第四范式的客观性来自于数据源的客观性。其他三个科学范式,在很大程度上依赖于发现人的主观性。其中的原因之一在于,在小数据时代,数据采集弥足珍贵,科学家们想要发现一条规律,首先要基于自己的经验,提出一个主观的假设,然后再主动去搜集更多数据(比如做很多实验),来验证这个假设。而现在的第四范式,完全抛开数据分析主体的个人设想,非常客观地、直接地让计算机自己从海量数据中发现模式,由数据自己发声,真理就在数据中。某种程度上可以说,第四范式就是为大数据量身定做的一种科学研究范式,值得数据技术时代的研究者们去深入探索和思考。

大数据提供的第四种范式,通过数据挖掘、数据优化、数据应用来找到科学的路径。2020 年新型冠状病毒暴发,中国在防疫过程中的成绩可圈可点,其中大数据方法(如健康码的推广应用)就起了很大的作用。

事实上,大数据的普及,更大的是推动了思维方式的变革,由过去的业务驱动转向现在的数据驱动,利用大数据的方法来决策,更客观、也更高效。比如,在中国新型冠状病毒防疫防控中,如果没有大数据的决策在背后驱动,单纯靠人工防控,可想而知是费时、费力且不讨好的。让数据多流动,而让人员少跑动,是中国新型冠状病毒防控卓有成效的点睛之笔。

4.5　科学哲学对大数据时代的启发

波普尔指出"科学是可以被证伪的",而笛卡儿说"我思故我在"。这里"思"就是指"思考"。那些善意独立且深入思考的科学家们,会怀疑自己思考的正确性。正因为这些怀疑,才会不断去验证,才能通过不断创新实验来获得新的结论,于是科学得以逐步形成和动态发展。因此,在某种程度上,科学和哲学其实是彼此促进、彼此成就的。

回顾科学研究方法论的发展历程,一方面,数据科学之所以能称为科学,也需要接纳科学方法论的评估和匡正。另一方面,可以从中获取一些方法论上的启发。

4.5.1　多范式并存

在库恩的范式理论体系下,第四科学范式作为知识发现的又一条新通道和新范式,并不是要否定前三个范式,而是与前三种范式相辅相成,共同构成科学探索的认知和方法体系,如图 4-14 所示。

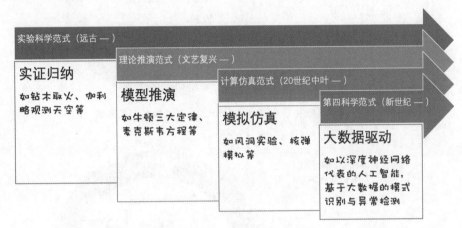

图 4-14　科学发现的四种范式

尽管很多大数据的布道者们言必称大数据进入 PB 时代了,但这过分的拔高是不切实际的。在大数据时代,要习惯让数据发声,务实而行是对待大数据应有的态度。下面就用一组数据来说话。

统计数据来自学术期刊《科学》。2011 年,《科学》调查发现[①],在"在你的科研中,你使用的(或产生)最大数据集是多大?"的问卷调查中(见图 4-15),48.3％的受访者认为他们日常处理的数据小于 1GB,只有 7.6％的受访者说他们日常用的数据大于 1TB(1TB＝1024GB,1PB＝1024TB),也就是说,这些调查数据显示,92.4％用户所用的数据小于1TB,一个稍大点的普通硬盘就能装载得下,这让那些 PB 级别的大数据布道者们情何以堪?

而在"您将实验室或研究中产生的大部分数据存在何处"问卷调查中(见图 4-16),50.2％的受访者回答是在自己的实验室计算机里存储,38.5％受访者回答是在大学的服

---

① Challenges and Opportunities. Science. 11 February 2011：Vol. 331 isscle. 6018 pp. 692-693 DOI：10.1126/science.331.6018.692. http://www.sciencemag.org/content/331/6018/692.

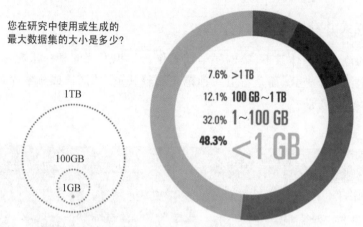

图 4-15　日常科研中使用的(或产生)最大数据集是多大

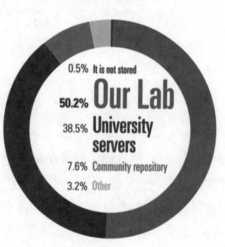

您将实验室或研究中产生
的大部分数据存在何处?

"即使在同一个机构中
都没有存储数据的标准,
所以每个实验室,特别是
单个研究员,通常都使
用最简易的存储方法。"

图 4-16　在何处存储生产科研数据

务器上存储。由此可见,大部分的数据依然处于数据孤岛状态,打通数据流通性的道路依然要走很远。而数据的流通性和共享性与否,是大数据决定能否成败的前提。

我们并不否认大数据是前沿,是未来的发展趋势,也不否认大数据容量大的特征,值得提醒的是,不能对小数据依然是主流现状而熟视无睹。很多时候,人类能掌握的可能只是某一个节点某一个范围内的小事实、小数据。对精确的追求,是传统小数据分析的强项,这在一定程度上弥补大数据混杂性的缺陷。

回到科学方法的讨论上,如果知道大数据、小数据并存,那么处理它们的科学范式也是并存的。需要大数据处理的第四范式,也需要小数据时代的实验观察(第一范式)、理论推导(第二范式)和模拟仿真(第三范式)。

4.5.2 科学纲领内允许有波动

在拉卡托斯(Imre Lakatos,1922—1974 年)认为,[①]在科学研究纲领中,每一个理论研究都是在一个纲领内部进行的。同时亦有很多纲领并行存在,彼此博弈。有的纲领在进步,有的在退化。最终,进步的会发展壮大,退步的则会逐渐衰亡。然而,凡事都不绝对,有时退步的纲领会重现生机,而进步的纲领也可能突然转向消亡。

科学的发展,没有明确的演化方向,并没有一贯的正确性和进步性。科学进步的副产品之一是,允许人们可以用科学来反科学。例如,大数据科学算命的事情也是有发生的。要知道,在科学水平最高的美国,占星师的数量还是天文学家的 20 倍,更不用说其他科学欠发达国家了。

科学研究纲领方法论对大数据科学有什么启发呢?自然是有的。

大数据科学是一门新兴的科学,第三范式也是刚刚被吉姆·格雷等人提出。对待一个新鲜事物的发展,允许有其他声音存在,允许有反例存在,尽量不要掉进波普尔的朴素证伪主义陷阱里,看到一两个证伪案例,就全盘否定整个数据科学,这不是一个明智之举。毕竟,在科学研究纲领内部,我们允许局部折腾与反复,允许理论局部否定,并自我迭代更新。

> "科学研究纲领"和库恩的"范式论"最大的不同,就是它承认两套不同的知识观念系统可以并行。它们之间往往不是革命和被革命的关系,是纠缠不清、彼此共存的关系。"科学研究纲领"被称为"精致的证伪主义",你知道为什么吗?

4.6 本章小结

本章首先讨论了大数据的数理哲学基础,大数据的颠覆性在于,一切事物只要通过适当的编码(即数字介质),都可以传递到另外一个同构的事物上,得以无损(或称同构)全息表达,因此我们研究大数据,就可以借以认识整个世界。接着讨论了大数据的认知论,一开始是"科学始于观察"(以培根为代表的归纳理论),到"科学始于问题"(波普尔为代表的证伪理论),最后到"科学始于数据"(吉姆·格雷为代表的第四范式)。最后讨论了科学研究的四个范式,特别是第四范式,它是为大数据量身定做的科学研究方法,最具特色的地方在于其秉持的客观性及对相关性的追寻。

---

① 拉卡托斯,匈牙利数学哲学与科学哲学家,批判地继承了波普尔的科学哲学理论,提出了科学研究纲领方法论。

现在的第四范式,是让计算机自己从海量数据中发现模式,提倡数据自己发声,真理就在"数"中。新兴的第四科学范式,作为知识发现的一条新通道和新范式,应该得到认可,它的出现并不是要否定前三个范式,而是应该与前三种范式相辅相成,共同构成人们发现知识、探寻真理的一种方法体系。

正如库恩强调的那样,范式的转换并一定不代表着进步,第四范式可能在大数据中表现得比较突出,但日常生活、生产中,小数据的应用场景并不比大数据少,在这种情况下,数据计算并不密集,如果还用第四范式来处理所有问题,那就好比"大炮打蚊子,并不比苍蝇拍好用"。

在前面的几个章节,我们主要从正面讨论了大数据的好处。正如谚语所说,"任何事情都有两面性",在大数拓开疆拓土时,我们亦需要清醒的眼光审视它,反思它可能带来的副作用,警惕它带来的理论冲击。在第 5 章,讨论这个议题。

思考与练习

4-1　大数据与小数据有什么本质上的不同？

4-2　大数据的数理哲学基础是什么？

4-3　什么是逻辑证实主义？什么是证伪主义？

4-4　多范式并存对大数据时代有什么启发意义？

本章参考文献

[1]　刘红. 大数据:第二次数据革命[J]. 中国社会科学报,2014.

[2]　黄欣荣. 大数据哲学研究的背景,现状与路径[J]. 哲学动态,2015,7.

[3]　维克托·迈尔-舍恩伯格,肯尼思·库克耶迈尔. 大数据时代:生活、工作与思维的大变革[M]. 杭州:浙江人民出版社,2013.

[4]　李德伟. 同构关系:大数据的数理哲学基础[J]. 光明日报,北京:2012-12-25.

[5]　张玉宏. 品味大数据[M]. 北京:北京大学出版社,2016.

[6]　邱宗仁. 科学方法和科学动力学:现代科学哲学概述[M]. 3 版. 北京:高等教育出版社,2013.

[7]　[英]卡尔·波普尔. 猜想与反驳:科学知识的增长[M]. 傅季重,周昌忠,蒋弋为,译. 上海:上海译文出版社,2005.

[8]　夏基松. 现代西方哲学教程新编[M]. 北京：高等教育出版社,1998.

[9]　西斯蒙多. 科学技术学导论[M]. 许为民,译. 上海：上海科技教育出版社,2007.

[10]　DIAMANDIS P H,KOTLER S. The Future Is Faster Than You Think：How Converging Technologies Are Transforming Business,Industries,and Our Lives[M]. New York：Simon & Schuster,2020.

[11]　托马斯•库恩. 科学革命的结构[M]. 胡新和,译. 4 版. 北京：北京大学出版社,2012.

[12]　DAVID SILVER AND DEMIS HASSABIS. AlphaGo：Mastering the ancient game of Go with Machine Learning[J]. Google AI Blog,2016.

[13]　HEY A J,TANSLEY S,TOLLE K M. The Fourth Paradigm：Data-Intensive Scientific Discovery [M]. Microsoft research Redmond,WA,2009,1.

[14]　李国杰. 大数据研究的科学价值[J]. 中国计算机学会通讯,2012,8(9)：8-15.

[15]　拉卡托斯. 科学研究纲领方法论[M]. 兰征,译. 上海：上海译文出版社,2005.

[16]　刘大椿,刘劲杨. 科学技术哲学经典研读[M]. 北京：中国人民大学出版社,2011.

第 5 章

大数据反思与数据伦理

大数据"摩尔定律":往"大数据"这个词里,塞进去的荒谬之论,几乎每两年翻一番[①]。

自 2011 年以来,大数据飞速发展,已然成为继云计算、物联网之后新一轮的技术变革热潮,不仅是在信息领域,还有经济、政治、社会等诸多领域。

甚至有学者把大数据提升到战略高度,认为数据是与物质、能源一样重要的战略资源。如果在数据技术与产业上落后,将使我们像错过工业革命机会一样延误一个时代。

任何事情都有两面性,理性的思辨是不能缺少的。例如大数据热潮的背后,其价值是否被夸大?大数据光环的背后是否也存在副作用,例如个人的隐私何以得到保障?小数据的价值是否依然值得我们重视,诸多问题都需要我们认真思考。

5.1 来自大数据的反思

为了便于理解,下面先分享几个与大数据相关的小故事,通过这些小故事反思一下大数据热潮,以便更为客观地看待大数据带来的变革与影响。当然,"反思"并不意味着"反对"。

5.1.1 园中有金不在金——大数据的价值到底在哪里

当人们在描述大数据时,通常表明其具备 4 个 V 特征,即 4 个以 V 为首字母的英文

---

① 对应的英文:Moore's Law for Big Data:The amount of nonsense that can be packed into the term 'Big Data' doubles approximately every two years。

描述：Volume、Variety、Velocity、Value。前三个 V 特征本质上是为第四个 V 服务的。试想一下，如果大数据里没有我们希望得到的价值，为何还辛辛苦苦这么折腾前 3 个 V？

鉴于大数据信息密度低，大数据是贫矿，投入产出的比值不见得很好。《纽约时报》著名科技记者 S. Lohr 在其采访报道"大数据时代"（The Age of Big Data）中表明[1]，大数据价值挖掘的风险还在于：会有很多的误报出现。用斯坦福大学统计学教授 T. Hastie 的话来说，就是：在数据的大干草垛中，发现有意义的"针"，其困难在于"很多干草看起来也像针①"。

针对大数据的价值，中国有个传统的寓言故事《园中有金》，可以从另外一个角度说明大数据的价值。寓言如下：

有父子二人，居山村，营果园。父病后，子不勤耕作，园渐荒芜。一日，父病危，谓子曰：园中有金。子翻地寻金，无所得。甚怅然。是年秋，园中葡萄、苹果之属皆大丰收。子始悟父言之理。

人们总是期望，能从大数据中挖掘出意想不到的大价值。可实际上，大数据的价值主要体现在它的驱动效应上，即通过带动相关的科研和产业发展，提高各行各业通过数据分析解决困难问题和增值的能力。大数据对经济的贡献，并不完全反映在大数据公司的直接收入上，还应考虑对其他行业效率和质量提高的贡献。

大数据是典型的通用技术，理解通用技术的价值，就要懂得采用蜜蜂模型：蜜蜂的最大效益，并非仅是自己酿造的蜂蜜，而是蜜蜂传粉对农林业的贡献，你能说秋天的硕果累累，没有蜜蜂的一份功劳？

回到前文的小故事，儿子翻地产生的价值，不在于翻到园中的金子，而在于翻地之后，促进了秋天果园的丰收。

对于大数据研究而言，一旦数据收集、存储、分析、传输等能力提高了，即使没有发现什么普适的规律或令人完全想不到的新知识，也会极大地推动诸如计算机等行业的发展，大数据的价值也间接得以彰显。

我们不必天天期盼奇迹出现，多做一些"朴实无华"的事，实际的进步就会体现在扎扎实实的努力之中。一些媒体总喜欢宣传那些抓人眼球的大数据成功案例，但从事大数据行业的人士，应保持清醒的头脑：无华是常态，精彩是无华的质变。

---

① 对应的英文：The trouble with seeking a meaningful needle in massive haystacks of data is that "many bits of straw look like needles。"

树立新的大数据价值观后,问题又来了。如果把大数据比作农夫父子院后的那片土地,是不是那片土地越大,可能挖掘出的金子就越多呢? 答案还真不是。

在下面的故事中,我们就说说大数据的大小之争。

5.1.2 盖洛普抽样的成功——大小之争,大数据一定胜过小抽样吗

1936 年,民主党人艾尔弗雷德·兰登(Alfred Landon)与时任总统富兰克林·罗斯福(Franklin Roosevelt)竞选下届总统。《文学文摘》(*The Literary Digest*)这家颇有声望的杂志承担了选情预测的任务。之所以说它颇有声望,是因为《文学文摘》曾在 1920 年、1924 年、1928 年、1932 年连续 4 届美国总统大选中,都成功地预测出了总统最终人选。

1936 年,《文学文摘》再次开展民意调查。不同于前几次的调查,《文学文摘》把这次调查的范围大大拓展了。当时大家都相信,数据集合越大,预测结果越准确。《文学文摘》计划寄出 1000 万份调查问卷,覆盖当时 1/4 的选民。最终该杂志在两个多月内收到了惊人的 240 万份回执,在统计完成以后,《文学文摘》宣布,艾尔弗雷德·兰登将会以 55∶41 的优势击败富兰克林·罗斯福赢得大选,另外 4% 的选民则会零散地投给第三候选人。

然而,真实的选举结果却与《文学文摘》的预测大相径庭:罗斯福以 61∶37 的压倒性优势获胜。有一个让《文学文摘》大失颜面的人,他就是新民意调查开创者——乔治·盖洛普(George Gallup,见图 5-1)。他仅仅通过一场 3000 人的小规模问卷调查,就得出了准确得多的预测结果:罗斯福将稳操胜券。

显然,盖洛普有他独到的办法,而从数据体积大小的角度来看,大并不能决定一切。民意调查是基于对投票人的大范围采样,这意味着调查者需要处理两个难题:样本误差和样本偏差。

图 5-1 乔治·盖洛普

盖洛普成功的原因在于,科学地抽样,保证抽样的随机性,他没有盲目地扩大调查面积,而是根据选民的特征(职业、年龄、肤色等)在 3000 人的比重,再确定电话访问、邮件访问和街头调查等方式在问卷中所占的比例。由于样本抽样得当,就可以做到“以小见大”“一叶知秋”。

《文学文摘》的失败在于,它的调查对象主要锁定为其订户。虽然问卷调查的数量不少,但其订户多集中在中上阶层,样本从一开始就是有偏差的。因此,推断的结果不准,就不足为奇了。而且民主党人艾尔弗雷德·兰登的支持者,似乎更乐于寄回问卷结果,这使得调查的误差进一步加大。这两种偏差的结合,导致了《文学文摘》调查的失败。

我们可以类比一下《文学文摘》的调查模式,试想一下,在中国春运来临时,如果你在火车上调查,问乘客是不是都买到票了,即使调查 1000 万人这样的大数据,结论是都买到了,但这个结果是不科学的,因为样本的选取明显是有偏的。

当然,采样调查也有缺点。例如,在 1948 年的美国总统大选中,盖洛普预测托马斯·杜威(Thomas Dewey)会以 5%～15%胜过哈里·杜鲁门(Harry Truman),结果却是错误的。

采样最大的挑战就是难以满足随机性,有些情况下,即使百分之零点几的偏差,也可能丢失"黑天鹅事件"的信号。因此,在全数据集存在的前提下,全数据当然是首选,但全数据的获取成本通常高到令人无法承受。对针对数据分析的价值,可以有这么一个排序:全数据＞好的采样数据＞不均匀的大量数据。

大数据分析技术运用得当,能极大地提升人们对事物的洞察力,但技术和人谁在决策中应起更大的作用呢? 在下面的"点球成金"小故事中,我们聊聊这个话题。

5.1.3　点球成金——数据流与球探谁更重要

"点球成金"(Money ball)是一则有关数据分析的经典案例。

长期以来,美国职业棒球队的教练们依赖的惯例规则是,根据球员的击球率(Batting Average,AVG)来挑选球员。而奥克兰运动家球队的总经理比利·比恩(Billy Beane)却另辟蹊径,采用上垒率指标(On-Base Percentage,OBP)来挑选球员,OBP 代表一个球员能够上垒而不是出局的能力。

采用上垒率来选拔人才,并非毫无根据。通过精细的数学模型分析,比利·比比恩发现,高上垒率与比赛的胜负存在某种关联,据此他提出了自己的独到见解,即一个球员怎样上垒并不重要,不管他是地滚球还是三跑垒,只要结果是上垒就够了。

在广泛的批评和质疑声中,比利·比恩通过自己的数据分析,创立了赛伯计量学(Sabermerrics)。据此理论,比利·比恩依据高上垒率选择了自己所需的球员,这些球员的身价远不如其他知名球员,但这些球员在 2002 年的美国联盟西部赛事中夺得冠军,并取得了 20 场连胜的战绩。

这个故事讲的是数量化分析与预测对棒球运动的贡献,但它在大数据背景下出现了传播的误读。

第一,它频繁出现在诸如舍恩伯格《大数据时代:生活、工作与思维的大变革》之类的图书中,其实这个案例并非大数据案例,而是早已存在的数据思维和方法。如果套用大数据的4V特征,该案例中的数据,基本上无一符合。

第二,"点球成金"案例无论是小说,还是拍出来的同名电影,都或刻意或无意忽略了球探的作用。从读者、观众的角度来看,奥克兰运动家球队的总经理比利·比恩完全运用了数据量化分析取代了球探。而事实上,在运用这些数据量化工具的同时,也增加了球探的费用,数据分析和球探都起了很重要的作用。

目前的大数据时代,有这么两个流派:一派是技术主导派,他们提出"万物皆数",要么数字化,要么死亡,他们认为,技术在决策中占有举足轻重的作用;另一派是技术为辅派,他们认为,技术仅仅是为人服务的,属于为人所用的众多工具的一种,不可夸大其作用。

针对"点球成金"这个案例,比利·比恩的支持者就属于"数据流党",而更强调球探作用的则归属于"球探党"。"球探党"比尔·尚克斯(Bill Shanks)在其所著的《球探之荣耀,论打造王者之师的最勇敢之路》中[2],对数据流党的分析,做出了强有力的回应。他认为,球探对运动员定性指标(如竞争性、抗压力、意志力、勤奋程度等)的衡量,是少数结构化数据(如上垒率等)指标无法量化刻画的。

比尔·尚克斯更认可球探的作用,他把球探的作用命名为"勇士"哲学。对于勇士来说,数据分析只是众多兵器中的一种,并不需要奉为圭臬,真正能"攻城略地"的还是勇士。例如,运动家棒球队虽然在数据分析的指导下获得了震惊业界的好成绩,然而运动家棒球队并没有取得季后赛的胜利,也没有夺取世界冠军,这说明数据分析虽重要,但人的作用更重要。

在大数据时代,我们通常强调大数据的价值,而对小数据的价值有意或无意忽略,然而,小数据也有它美丽的一面。下面来讨论这个话题。

5.1.4 你若安好,便是晴天——大数据很好,但小数据也很美

小数据其实是大数据的一个有趣侧面,是其众多维度中的一维。有时,我们需要大数据的全维度可视,有人甚至把"全息可见"作为大数据的特征,这个特征在对用户特征画像时,特别有用,因为这样做非常有利于商家的精准营销。

这里,我们再次强调数字人类学家托马斯·克伦普的哲学观——**数据的本质是人**,技术也是为人服务的。有时,我们并不希望自己被人数字化,被全息透明化,因为这涉及

个人隐私问题。如果大数据技术侵犯个人的隐私，让受众不开心，那这个技术就应该有所限制和规范。

大数据的流行定义是：无法通过目前主流软件工具在合理时间内采集、存储、处理的数据集。通过逆向思维，我们很容易定义出小数据（Small Data）：通过目前主流软件工具可在合理时间内采集、存储、处理的数据集。这是传统意义上的小数据，经典的数理统计和数据挖掘知识，就可以较好地解决这类问题。

传统范畴的小数据暂且不谈，我们现在讨论的小数据是一种新型数据，它是以个人为中心全方位的数据，是每个个体的数字化信息，因此也有人称之为 iData。这类小数据与大数据的本质区别在于，小数据主要以单个人为研究对象，重点在于深度，对个人数据全方位深入精确地挖掘利用；对比而言，大数据则侧重在某个领域方面，大范围、大规模、全方位地对数据收集处理分析，即重在广度。

小数据是大数据的某个侧面。事实上，很多时候，对于个人而言，大数据的某个侧面就有可能是特定个人的全面。在创新技术（如智能手机、智能手环）的支持下，小数据——个人自我量化（Quantified Self，QS），已然走进人们的日常生活。

个人量化，可以测量、跟踪以及分析人们日常生活中点点滴滴的数据。例如，今天的早餐摄入了多少卡路里？围着操场跑一圈消耗了多少热量？在手机的某个 App（如微信）上耗费了多少时间？在某种程度上，小数据才是人们生活的帮手。小数据虽不像大数据那样的浩瀚繁杂，却对人们自己至关重要。下面用两个小案例来说明小数据的应用。

先来说一个体育科技的案例。据科技记者 E. Waltz 曾在 *IEEE Spectrum* 的撰文指出[3]，目前佩戴在运动员身上的生物小配件（Biometric Gadget，通常指的是传感器）正在改变世界精英级运动员的训练方式。这些可穿戴传感器设备能够提供实时的生理参数，而以前倘若要获取这样的数据，需要笨重和昂贵的实验室设备。可穿戴装备能帮助运动员提高成绩并同时避免受伤。

例如，在图 5-2 所示的装备中，传感器能够精确记录运动员在室内外场馆的运动。设备安置在运动员背部的压缩衣中，能够监控加速、减速、方向改变以及跳跃高度和运动距离等指标。教练能够通过监控数据来检测每个运动员的训练强度，并防止过度训练所带来的伤害。其工作原理是，利用很多小设备，如加速计、磁力计、陀螺仪、GPS 接收仪等，这些设备每秒能够产生 100 个数据点。通过无线连接，计算机可以实时访问这些数据。个人量化分析软件可对运动特征和特定位置实施分析，专家系统中的算法可以检测运动员在做运动时哪些做对了、哪些做错了,基于此,教练可以给出更加有针对性的训练。该设备的使用者包括一半以上的(橄榄球联盟)球队、三分之一的 NBA 运动员、一半以上的英超球队以及世界各地的足球队、橄榄球队和划船运动队等。

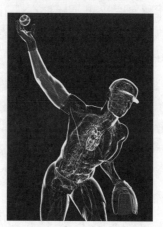

图 5-2　运动员利用可穿戴设备训练美式橄榄球(图片来源:IEEE)

物联网(Internet of Things,IoT)通常是和大数据管理扯到一起的,但是就某个具体的物联网设备而言,它一定先是产生少量的甚至是微量的数据。也就是说,物联网首先是小数据,然后才能汇集成大数据。

沃顿商学院教授乔纳·伯杰(Jonah Berger)推测①,个人的自我量化数据,或许将会是大数据革命中的下一个演进方向。由此,大、小数据之间并无明显的界限。但如同中国那句老话说的,"一屋不扫,何以扫天下",如果小数据都不能很好地处理,如何来很好地处理汇集而来的大数据?

下面再聊聊一个生活小案例,故事的主人是美国康奈尔大学教授艾斯汀(D. Estrin)[4]。艾斯汀的父亲于 2012 年去世了,而早在父亲去世之前几个月,这位计算机科学教授就注意到一些"蛛丝马迹",父亲在数字社交脉动(Social Pulse)②中,相比从前已有些许变化,他不再查阅电子邮件,到附近散步的距离也越来越短,也不去超市买菜了。然而,这种逐渐衰弱的迹象,在他去医院进行常规的心脏病体检时,却不一定能看出来。不

---

① Jonah Berger. Is Little Data The Next Big Data? https://www.linkedin.com/pulse/20130908184001-5670386-is-little-data-the-next-big-data.

② 社交脉动是指通过社交网络上的数据刻画个人的行为,如同号脉来把握身体情况一样。

管是测脉搏,还是查病历,这位 90 岁的老人都没有表现出特别明显的异常。可事实上,倘若追踪他每时每刻的个体化数据,这些数据虽小,但也足够反映出老人的生活其实已经明显与之前不同。

这种日常小数据带来的生命信息的警示和洞察,启发了这位计算机科学教授,艾斯汀创建了自己的"小数据实验室(访问链接 http://smalldata.io/)"其实验如图 5-3 所示。在艾斯汀看来,小数据可以看作是一种新的医学证据,它是"那些数据中属于你的那行"[5]。

图 5-3　艾斯汀的小数据实验室

舍恩伯格的著作《大数据时代：生活、工作与思维的大变革》中,将大数据定义为全数据,"big data where n＝all",其旨在收集和分析与某事物相关的全部数据。类似地,艾斯汀将小数据定义为"small data where n＝me",它表示小数据就是全部有关于"我(me)"的数据[6]。

这样一来,小数据更加"以人为本",可以为人们提供更多研究的可能性：能不能通过分析年老父母的集成数据,进而获得他们的健康信息？能不能通过这些集成数据,比较不同的医学治疗方案？如果这些能实现,"你若安好,便是晴天"便不再是一句"文艺腔",而是"温情脉脉"的展望。

科技商业预言家的凯文·凯利力推个人自我量化,他曾在斯坦福大学的演讲中指出,个人数据才是大未来。未来以每个家庭为单位处理的信息总量,可能会比留在本地的数据总量还要大。再扩大一个层面来说,我们每个人每天都会产生很多数据。

2020年1月,Peter H. Diamandis 和 Steven Kotler 出版了他们的最新著作《未来比你想象中发展更快》(*The Future Is Faster Than You Think*)。书中提到了很多具有颠覆性且呈指数型增长的科技力量,以及未来它们将如何对商业格局、行业发展产生影响。其中列举了美国汽车保险的例子。

1937年,美国前进保险公司(Progressive Insurance)提出了"把高危险司机挑出来"的办法。司机每次因为闯红灯、超速及交通事故而收到警方罚单,这些数据保险公司都有办法了然于胸。然后会提高"不守规矩"司机的保险价格。反过来,如果司机的驾驶记录良好,愿意降低保险价格。这种依据个人行为数据而对保险做了差异化定价的方法引了更多的投保者,大获成功。其中的道理很简单,司机个人的小数据(驾驶行为)对保险公司来说很有价值。

OBD 设备(On Board Diagnostic Device,车载诊断系统)是一种设备于车中用以监控车辆运行状态和回报异常的系统。

那么当今的信息时代,前进保险公司提出了新的做法。该公司给投保的每辆车的 OBD-II 插槽都装一个传感器,随时搜集司机开车出门的时间、行车路线、驾驶车速、踩急刹车的次数,甚至包括汽车音响的音量都通过 GPS 系统发送到前进保险公司的服务器中,然后通过面向客户驾驶行为的数据分析来指导和干涉用户的驾驶行为。这种干涉是通过涨或降保费来间接实现的,如图5-4所示。如果司机每天出门都是交通低峰期,驾驶风格温和,且从来不超速、不踩急刹车,那就说明这是一个非常"安分守己"的司机,那么保险公司会在下一个季度给该司机一个很低的保险价格。反过来,如果司机经常超速,且喜欢把车里的音响开得很大声,总是在交通高峰期出门凑热闹,动不动就爱踩急刹车,那么就会提高下季度的保险价格。

也就是说,小数据越详细,对那些驾驶习惯不好的人就越不利。这些人跟驾驶习惯好的人一同参加保险,他们其实是在让别人分担自己的风险。现在数据详细了,自己要为自己的行为负责,相对也公平了。那么从此以后,如果你想要少交钱,就得改进驾驶习惯。你在路上的一切动作都可能影响你的保险费。车险如此,未来的一切保险(如商业医疗保险)都可能如此。

用麦肯锡的话总结,这就叫"pay as you live":你为自己的生活方式买单。商业,特别是擅长收集个人小数据的商业,会"逼"着你做一个行为习惯更佳的人。

人,是一切数据存在的根本。人的需求是所有科技变革发展的动力。可以预见,不远的将来,数据革命下一步将进入以人为本的小数据的大时代。

当然,这并非说大数据就不重要。一般来说,从大数据得到规律,用小数据去匹配个人。用电影《一代宗师》的台词来比拟大小数据的区分,甚是恰当。小数据见微,用作个

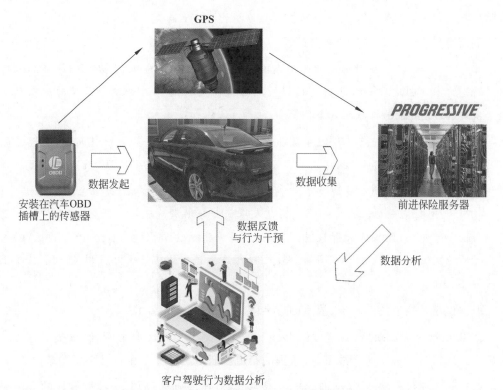

图 5-4　个人小数据(汽车驾驶行为数据)的分析路径

人刻画,可用《一代宗师》中"见自己"形容之;而大数据"知著",反映自然和群体的特征和趋势,则可用《一代宗师》中的"见天地、见众生"喻之。

　　大数据很好,小数据也很美。大数据的价值维度,主要体现在传统的小数据和结构化数据之上,而大数据的容量维度主要体现在现代的大记录和非结构数据两个方面[7]。大数据和小数据需要相得益彰,而不能扬此抑彼。

5.1.5　预测即干预——谷歌流感预测是如何失效的

　　在大数据创新案例中,我们曾以谷歌预测流感来作为大数据创新的案例。后来这个创新的产品"谷歌流感趋势"已经销声匿迹了。

　　我们要承认,任何创新都有时代特性,过去划时代的创新,现在看来不过尔尔。我们不能拿现在的视角来批判过去的创新失败。但客观的反省,能让我们从这些失败中获得一些启迪。

下面简单回顾一下这个创新的过程。

2009 年 2 月,谷歌公司的工程师们在国际著名学术期刊《自然》上发表了一篇非常有意思的论文①:《利用搜索引擎查询数据检测禽流感流行趋势》,并设计了谷歌流感预测趋势系统(Google Flu Trends,GFT)。

GFT 预测 H1N1 流感的原理非常朴素,如果在某一个区域某一个时间段,有大量的有关流感的搜索指令,那么,就可能存在一种潜在的关联:在这个地区,就有很大可能性存在对应的流感人群,相关部门就值得发布流感预警信息。

GFT 在刚刚推出时,令人耳目一新,让人感觉大数据居然还可以这么"跨界打劫",真是"脑洞大开"啊,新闻媒体大肆报道,学术界一片欢腾,仅金斯伯格(Jeremy Ginsberg)等人撰写的论文《利用搜索引擎查询数据,检测禽流感流行趋势》就被引用 4576 次(截至 2021 年 5 月)。

但那仅仅是故事的前半段,故事的后半段,更令人回味无穷。

GFT 取得巨大成功后,一度被认为是大数据预测未来的经典案例,给很多人打开了一扇未来的窗口。根据这个故事,大数据的布道者们给出了 4 个令自己满意的结论。

(1) 由于所有数据点(网络搜索指令)都被捕捉到,故传统的基于抽样统计的方法完全可以淘汰。也就是说,做到了"n＝All"。

(2) 不需要再寻找现象背后的原因,只需要知道某两者之间的统计相关性就够用了。针对这个案例,只需要知道"大量有关流感的搜索指令"和"流感疫情"之间存在相关性就够了。

(3) 不再需要统计学模型,只要有大量的数据就能完成分析目的,印证了《连线》主编克里斯·安德森提出的"理论终结(The End of Theory)"论调②。

(4) 大数据分析可得到惊人的预测结果。GFT 的预测结果和 CDC 公布的真实结果,相关度高达 96%。

但据英国《金融时报》援引剑桥大学教授 D. Spiegelhalter 的话,批判了上述结论[8]。

---

① Ginsberg J,Mohebbi M H,Patel R S,et al. Detecting influenza epidemics using search engine query data[J]. Nature,2009,457(7232):1012-1014.

② Anderson C. The end of theory:The data deluge makes the scientific method obsolete[J]. Wired magazine, 2008, 16(7):16-07.

简单来说,第(1)条,"n=all"属于典型的完美幻想,要么不具备获得全数据的条件,要么获取全数据的成本会高于从数据中获取的价值。针对第(2)条和第(3)条,相关性很难取代理论模型的价值(后面的章节会深入分析)。针对第(4)条,我们有必要再解析一下 GFT 预测是如何失效的。

2013 年 2 月 13 日,《自然》期刊就发文指出[9],在最近(当时是指 2012 年 12 月)的一次流感暴发中,谷歌流感趋势已经不起作用了。GFT 预测显示某次的流感暴发非常严重,然而疾控中心(CDC)在汇总各地数据以后,发现谷歌的预测结果比实际情况要夸大了几乎一倍,如图 5-5 所示。

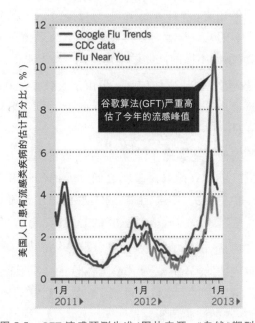

图 5-5　GFT 流感预测失准(图片来源:《自然》期刊)

研究人员发现,问题的根源在于,谷歌公司的工程师们不知道搜索关键词和流感传播之间到底有什么关联。他们也没有试图去搞清楚关联背后的原因,只是在数据中找到了一些统计特征——相关性。这种做法在大数据分析中很常见。GFT 每一次算法微调,都是为了修补之前的测不准,但每次修补又都造成了另外的误差。

谷歌疫情之所以会误报,是因为大数据分析中也存在"预测即干涉"的问题。量子物理创始人之一维尔纳·海森堡(Werner Heisenberg),曾在 1927 年的一篇论文中指出,在量子世界中,测量粒子位置,必然会影响粒子的速度,即存在测不准原理。也就是说,在量子尺度的微距世界中,测量即干涉。如今,在大数据热潮中,类似于测不准原理,也存在预测即干涉现象。

这个预测即干涉现象,与菜农种菜有异曲同工之处:当年的大白菜卖价不错(历史数据),预计第二年的卖价也不错(预测),于是众多菜农在这个预测指引下,第二年都去种大白菜(采取行动),结果是菜多、价贱、伤农(预测失败)。

进一步分析就可发现,GFT 预测失准在很大程度上是因为,一旦 GFT 提到了有疫情,立刻会有媒体报道,就会引发更多相关信息搜索,反过来强化了 GFT 对疫情的判定(一种正反馈)。这样下去,算法无论怎么修补,都无法改变其愈发不准确的命运。

对 GFT 预测更猛烈的攻击,来自著名期刊《科学》[10]。2014 年 3 月,该期刊发表了由哈佛大学、美国东北大学的几位学者联合撰写的论文《谷歌流感的寓言:大数据分析中的陷阱》,他们对谷歌疫情预测不准的问题做了深度调查,也讨论了大数据的陷阱本质。

论文作者认为:大数据的分析是很复杂的,但由于大数据的收集,很难保证有像传统小数据收集那样的缜密,难免会出现失准的情况。此论文以谷歌流感趋势失准为例,指出大数据傲慢(Big Data Hubris)是问题的根源。

该论文还认为,大数据傲慢还体现在,存在一种错误的思维方式,即误认为大数据模式分析出的统计学相关性,可以直接取代事物之间真实的因果和联系,从而过度应用这种技术。**这就对那些推崇"要相关,不要因果"的人群提出了很及时的警告**。毕竟,在某个时间段很多人搜索"流感",不一定代表流感真的暴发,完全有可能只是上映了一场关于流感的电影或流行了一个有关流感的段子。

一时间,谷歌流感趋势预测 GFT 成为大数据傲慢的负面代名词。在舆论的压力和学术界的质疑下,谷歌公司感觉这个事情已经到了出力不讨好的地步,于是,于 2015 年 8 月,无限期地停止发布 GFT 的流感预测数据①。

GFT 是大数据相关性的典型应用。下面就来讨论一下大数据带来的相关性和因果性之辩。

5.1.6　扑朔迷离的相关性—— 误把相关当因果

《大数据时代:生活、工作与思维的大变革》中有个核心观点是"要相关,不要因果",

---

① Fred O'Connor. Google Flu Trends calls out sick, indefinitely. PC World. 2015-08. http://www.pcworld.com/article/2974153/websites/google-flu-trends-calls-out-sick-indefinitely.html.

也就是说,趾高气扬的因果关系光芒不再,卑微的相关关系将"翻身做主人",知道"是什么"就够了,没必要知道"为什么"。

从 DIKW 体系可知,如果放弃"为什么"的追寻,就放弃了对金字塔的最顶端——智慧(Wisdom)的追求,而拥有智慧正是人类和机器最本质的区别。电子科技大学周涛教授在《大数据时代:生活、工作与思维的大变革》一书的前言中总结说[11]:"放弃对因果性的追求,就是放弃了人类凌驾于计算机之上的智力优势,是人类自身的放纵和堕落。如果未来某一天机器和计算完全接管了这个世界,那么这种放弃就是末日之始"。

下面我们想探讨的是,事实上,对因果关系的追寻,是人类惯有的思维。在这个惯性思维下,很容易误把相关当因果,这是大数据时代里一个很大的陷阱。

所谓相关性是指两个或两个以上变量的取值之间存在某种规律性。两个数据 A 和 B 有相关性,只反映 A 和 B 在取值时相互有影响,并不能说明,因为有 A 就一定有 B,或者反过来说因为有 B 就一定有 A。

虽然在上面的论述中,我们好像一直在说相关性的不足,但是相关性在很多场合是极其有用的。例如,在大批量的小决策上,相关性就十分有用。亚马逊公司的电子商务个性化推荐,就是利用相关性,能给无数顾客推荐相关的或类似的商品,这样顾客找起商品方便了,亚马逊公司也赚得钵满盆满。

相关性也的确有用,但有时候,"金刚经"会被唱成"经刚金",差之毫厘,谬以千里!很多时候,人们还会不自觉地把相关性当作因果性。下面我们讲几个小故事来佐证这个观点。

在小数据时代的 1992 年,有一部电视连续剧《大时代》,有一角色叫丁蟹。丁蟹是一个资深的股民,股海翻腾,身心疲惫,终无所得。巧合的是,在《大时代》首播之后的 20 多年里,只要电视台播放《大时代》,香港股市就下跌。因此,每次《大时代》播放预告时,就有香港股民担心亏钱,打电话到电视台,希望不要播放。这种相关性,人称"丁蟹效应",在香港家喻户晓。

香港的股民为什么不希望电视台播放《大时代》,是因为怕一播放《大时代》,股市就下跌,自己遭受损失。事实上,《大时代》和股市之间真的有因果关联吗?当然没有!不过是数据的样本大了,变量多了,统计上的相关性就会冒出来。更糟糕的是,人们很善于潜移默化地把相关性,当作背后的因果性。

有人可能会不认可这个观点。我们就举一个更加直白的案例来说明。请略看下面

的诗词歌赋:

　　潮起潮落劲风舞,夏夜夏雨听蛙鸣。

　　荷沐夏雨娇滴滴,稻里蛙鸣一片欢。

　　黄梅时节家家雨,青草池塘处处蛙。

　　夏雨凉风,蝉噪蛙鸣,热浪来袭,远处云树晚苍苍。

　　文学虽然高于生活,但亦源于生活。从文人墨客诗情画意的文字中,读者依稀可看出一点点相关性——人类祖先经过长期观察发现,蛙鸣与下雨往往是同时发生。这样数千年的长期观察样本,也可称得上是大数据。

　　不求甚解的古人,在大旱季节,就会把这个相关性当作因果性了,试图通过学蛙鸣来求雨。在多次失灵之后,便会走向巫术[12],在印度,这个以蛙求雨的风俗,到现在依然有市场,如图 5-6 所示。

　　博弈论创始人之一、杰出计算机科学家冯·诺依曼(John von Neumann)曾戏言称:"有 4 个变量,我能画头大象,如果再给一个,我能让大象的鼻子竖起来"①。

　　冯·诺依曼的这句话意思是想表明,当一个复杂的模型能很好地拟合一个数据集合时,请不要大惊小怪。这里的所谓数据拟合,实际上就是通过一定的模型,将数据关联在一起。话说还真有很多人践行了冯·诺依曼的戏言,如图 5-7 所示。

图 5-6　印度人以蛙求雨(图片来源:互联网)

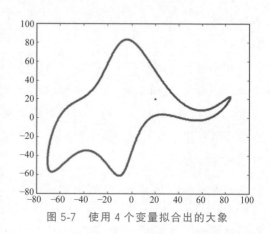

图 5-7　使用 4 个变量拟合出的大象

---

　　① 对应的英文:With four parameters I can fit an elephant,and with five I can make him wiggle his trunk.

大数据的来源多样性,变量复杂性,为诞生新颖的相关性创造无限可能。当人们面临大数据带来的"乱花渐欲迷人眼"的相关性时,很多时候,特别是在对未来无法把控的时候,鉴于人们对因果关系固有的偏执性热爱,难以轻易改变,人们很容易把相关当作因果。

因此,与小数据一样,在大数据时代中,解释性(对因果关系的追寻)始终还是重要的。

5.2　大数据算法是中性的吗

任何技术都有两面性。大数据技术也不例外。因此,我们需要技术伦理来匡正它的边界,让它有所为,有所不为。伦理学(Ethics)在古希腊语中就是有关品格的学问。伦理是指一系列指导行为的观念,是从概念角度上对道德现象的哲学思考。

5.2.1　大数据伦理

科技伦理是指科学技术创新与运用活动中的道德标准和行为准则,是一种观念与概念上的道德哲学思考。它规定了科学技术共同体应遵守的价值观、行为规范和社会责任范畴。

大数据伦理问题,就属于科技伦理的范畴,指的是由于大数据技术的产生和使用而引发的社会问题,是集体和人与人之间关系的行为准则问题。大数据技术高速发展,不可避免地会触及伦理问题。

需要说明的是,伦理学作为哲学的一个分支,完全不同于数学,原因是它并不会提供标准答案。更确切来说,**任何一种哲学理论,都不提供完美无缺、完全服众的答案**。它能做的是,帮助我们深入思考面对道德困境选择时,能给你提供一种信念,坚定自己的选择。

例如,有学者认为[14],与所有技术一样,大数据技术本身无所谓"好"与"坏",它在伦理学上是中性的。然而,我们就觉得,这个观点就是值得商榷的。

这是因为,正如著名科技哲学家凯文·凯利在其著作《失控:全人类的最终命运和结局》中指出[15]:"人们在将自然逻辑输入机器的同时,也把技术逻辑带到了生命之中。有机体与人造物之间的分野①,并不像过去认为的那样泾渭分明,而是彼此嵌入、互利共生。机器人、经济体、计算机程序等人造物也越来越具有生命属性。"

而大数据算法,正是一种处理海量数据的计算机程序,它作为人类思维的一种物化形式和人类大脑的外延,也正失控式地表现出了类似于人类的劣根——歧视性[16]。

5.2.2　大数据算法的责任

有些大数据主义者声称,在大数据集合里,数字说明了一切。或者说,提供的数据越多,机器据此输出的决策就越趋向客观。但事实并非总是如此,学界已经开始质疑这个观点。作为机器的灵魂,大数据算法并非中立,而是有自己的倾向性——歧视性。

例如,2016 年 9 月,国际权威学术刊物《自然》发表题为《大数据算法需承担更多责任》的社论文章[17]。文章指出,在原则上,大数据算法可通过大量数据的支撑,减少人类的偏见,从而做出更为公正的分析和决策。但一个不容忽视的潜在风险是,它们也有可能增加偏见或成见,并会复现或者加剧人类犯错。在一个高性能计算、机器学习和大数据时代,这些关乎社会公平的问题,已开始凸显了。《自然》社论文章声称,相比于大数据算法对人们的生活影响之深,它对人们的社会担当却显得非常之小,二者极其不匹配。因此,大数据算法理应有更多社会担当,并消除或减少歧视,而非加剧社会歧视。

但要做到这一点,就很有必要弄清楚大数据算法歧视的内涵,只有这样,才有可能采取有的放矢的措施。

下面从文化、技术哲学和心理学三个角度分析大数据算法的歧视内涵。

5.2.3　人类的文化偏见存于大数据之中

数字人类学家托马斯·克伦普(Thomas Crump)在其著作《数字人类学》中表明,数字的背后其实都是人,数字系统以清晰的方式,和它们植根于其中的文化紧密地融合在一起[18]。

数据,在本质上是人类观察世界的表征形式。不论是过去的小数据,还是现在的大数据,研究数据,在某种程度上其实在本质上都是在研究人本身。之所以说大数据时代具有颠覆性,就是因为,目前一切事物的规律和属性,只要通过适当的编码(即数字介

---

① 这个趋势已经有迹可循。例如,有的患者用上了人工心脏,人工心脏就是一种机器。再例如,脑机接口的研究,已经使得人们可以使用脑电波控制机器手臂。

质),都可以传递到另外一个同构的事物上,得以无损(或称等同)全息表达。在这种意义上,大数据与世界本身是对等的,或者说是同构的。

不可否认的是,人类的文化是存在偏见的,作为人类社会同构的大数据,也必然包含着根深蒂固的偏见。而大数据算法仅仅是把这种歧视文化表现出来而已。比如,孔子曾说:"唯女子与小人为难养也,近之则不逊,远之则怨。"说的就是女人和那些粗鄙无文的被统治者(小人),都是很难相处的。这句话放到今天,自然就是赤裸裸的歧视,说小人倒也罢了,怎么能把"女人"和"小人"并列呢? 但有学者认为:"在儒家看来,缺乏距离意识的亲昵,是女人和小人共有的特质。与其说这是歧视,不如说是由经验和观察得来的归纳性的知识[19]"。

如果把这两千多年的历史,变成可处理的数据,那么这个当属大数据。歧视的文化渗透于大数据之中,作为与世界同构的大数据,它就是社会的一面镜子。那么通过大数据算法,自然也会归纳出与孔子类似的结论,而归纳法正是大数据算法有效性得以保障的重要哲理依据。

5.2.4　大数据算法的生物学特性表现

当代法国科技哲学家贝尔纳·斯蒂格勒(Bernard Stiegler)用相关差异说明人与技术之间的关系[20]。技术发明人,人也发明技术,两者互为主体和客体。技术既是发明者,也是被发明者。工具(或者说技术)在某种意义上重新定义了现代意义上的人。人在发明工具的同时,也在技术中自我发明——自我实现技术化的外在化。凯文·凯利在其著作《技术想要什么》中,也明确提出一个观点:技术是一种生命体[21]。

例如新锐历史学家尤瓦尔·赫拉利就认为,世间一切科学,不管是理学、工学,还是文学、经济学,其背后支撑的都是数学模式。从数学的角度来看,我们可以把一个人、一个动物、一个公司或者一个国家,都视为一个数据处理系统。说白了,整个人类社会就是一个数据处理系统。而整个人类历史,就是不断地改善数据处理算法,进而使得这个系统更加高效运行的历史[22]。

因此,虽然从道德上讲,歧视并不高尚,但它却从没有在人类的意识中真正缺席过。而从这个角度来说,作为人类思维外化物的大数据算法,作为技术所表现出来的生命体特性,沿袭人类的这种歧视意识,就不足为怪了。

5.2.5 大数据算法歧视的心理学特质

美国著名心理学家奥尔波特(Allport)在其经典著作《偏见的本质》中,提出了一个重要的学术观点,即强调社会范畴化(Social Categorization)对偏见的作用。奥尔波特说:"社会范畴化主导着人们整个思维生活······人类心智必须在范畴的帮助下才能思考······范畴一旦形成,就会成为平常预前判断(Normal Prejudgment)的基础。我们不可避免地依赖这个过程"[23]。

为什么会依赖它呢? 认知心理学家认为,人类是认知吝啬鬼,从古至今,面对的是一个复杂多变、充满不确定性的世界,生活在信息纷繁而又无法回避的环境,如果想在这样的世界生存,人类就得节省有限的认知资源,依据最少付出原则(Principle of Least Effort),尽可能简化自己的认知过程,其中的方法之一便是对事件进行分类(Categorize,或称为范畴化)。

这样做的好处是什么呢? 如果人们按不同的标准事先将事物进行分类,每一个类都有区别于其他类的特征,当新对象或新刺激来临时,人们总想以最经济的方式将其归类,这样就可以利用已知这个类的特征,轻易预测这个新对象的特征或行为。可见分类(或者范畴化)事物,可以节省认知资源,简化认识世界的流程。

因此,范畴化倾向,是人们在面向未知的世界自然而然地演化出来的一种认知态度。范畴化的好处在于,能让人们对新生活的调试,更加快速、顺畅和一致。但这种简化处理的弊端,也正是偏见的根源。

大数据算法处理工作流程,其在本质上和奥尔波特所言的社会范畴化运作机理有着契合。著名数据挖掘学者吴信东等人曾做过一个深入的调查,给出了数据挖掘领域的排名前十的数据挖掘算法[24],它们分别是 C4.5、k-Means、SVM、Apriori、EM、PageRank、AdaBoost、kNN、Naive Bayes 和 CART,见表 5-1。

表 5-1 排名前十的数据挖掘算法

算法名称	主要功能描述	类别
C4.5	一种规则集合分类器(Ruleset Classifiers),由诸如"if A 和 B 和 C···,then 属于类 X"的规则构成	分类
k-Means	k-均值聚类算法,采用距离作为相似性的评价指标,其中 k 为初始指定的聚类个数	聚类

续表

算法名称	主要功能描述	类别
SVM	支持向量机,主要针对低维空间数据难以线性可分,构造一个高维空间,使其便于分类	分类
Apriori	一种挖掘关联规则的频繁项集合算法	关联
EM	期望最大聚类法,是 k-Means 算法的另一种扩展,根据对象和簇之间的隶属关系的概率,来实施对象分配,簇与簇之间没有明显界限	聚类
PageRank	一种由谷歌公司发明的根据网页之间相互的超链接计算网页排名的技术	排序
AdaBoost	一种迭代算法,其核心思想是针对同一个训练集训练不同的分类器(弱分类器),然后把这些弱分类器集合起来,构成一个更强的最终分类器(强分类器)	分类
kNN	k 最近邻分类算法,其核心思想是如果一个样本在特征空间中的 k 个最相邻的样本中的大多数属于某一个类别,则该样本也属于这个类别	分类
Naive Bayes	一种依据贝叶斯定理的分类算法,计算在待分类对象在给定的条件下属于哪个类别概率最大	分类
CART	类似于 C4.5,也属于分类决策树。不同于 C4.5 的是,CART 假设决策树是二叉树,决策树不仅可生成,还可以修剪。	分类

如果我们继续深究这些算法的含义,它们在本质上大多数都是为了分类(Classification)和聚类(Cluster)来服务。分类属于监督型学习(Supervised Learning),也就是说输入的数据带有标签;而聚类则属于无监督学习(Unsupervised Learning),也就是输入的数据没有标签。虽然上述这些数据挖掘算法并不完全等同于大数据算法,但绝大多数大数据算法,都是从这些算法的思想派生而来的。

大数据的核心价值是预测。那么这种预测机制是如何运作的呢?其着力点就是大数据算法。这些算法的运作流程大致是这样的:首先使用历史数据(或称训练集)归纳出某个类别(或称之为特征,不管是用分类还是聚类的方法),然后针对一个新来的对象,按照其已知的数据特征,将其归属于最像它的那个类中,如果这个类还有其他已知的特征,那么就预测这个对象也有这种特征,这样就完成了预测功能,如图 5-8 所示。

对比一下奥尔波特提出的歧视概念产生机理,它和大数据算法的预测功能的确存在相似之处。奥尔波特说,通过刻板印象(Stereotype)可以形成范畴,从而对新的对象在没有深入了解的情况下就会成为预前判断。很明显,刻板印象(或者说某种模式)的形成绝不是一蹴而就的,而是收集相当数量的历史感觉才能形成,不管这种意识的形成是潜移

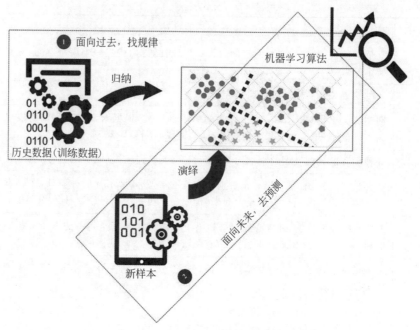

图 5-8　机器学习算法的两层功效

默化的,还是后天强加的。

　　对比而言,大数据算法也是通过历史数据的训练,形成类的概念(或聚类或分类),然后对新对象进行归类,按类的集合属性,实现新对象的特征预测。不能不说,奥尔波特的范畴(Categorization)和大数据算法的分类或聚类、歧视中的预判(Prejudgment)和大数据算法的预测(Predict),它们都有着形似甚至神似的内涵。这样一来,大数据算法的内涵中,无疑就潜藏着歧视的技因(Teme)[25]。

5.2.6　可能的应对策略

　　通过前文的讨论可知,大数据算法的确不是中性的,而是潜伏着歧视性。那么,如何才能淡化大数据极具争议的歧视特性呢? 在本质上,大数据算法还是属于人算计人的思维物化的表现。现在凸显出了社会问题,想要修正它的歧视性,这个工作还需要人来做。

　　针对技术的作用,凯文·凯利曾指出:"我们需要训练技术,就像动物和儿童的最佳训练方法展示的那样,集中资源强化它们的正面特性,淡化负面特性,直至彻底消失。"大数据技术无疑是当前最炙手可热的技术，它深刻地影响着人们的工作、生活和思维方式，针对其表现出来的负面效应——大数据算法的歧视性，可以尝试如下三个方面的工作来加以缓解。

1. 增加大数据算法的透明性

技术只有透明才能获益[26]。很多大数据学习算法在决策判断时，标准并不透明，这使得从技术层面跟踪代码违规几乎是不可能的。由于算法的复杂性，研究人员本身可能也无法判断到底是什么环节导致它们学会了歧视。

所以，大数据公司应公布它们所使用的大数据算法的源码和所用的数据。这样可以确保大数据公司不是仅仅为了利益（或是效率），而故意牺牲了公平和道义。但公布大数据算法是否引发商业机密的泄露？公布数据是否涉及数据的所有权问题？大数据公司收集到的有关用户的个人数据，是属于公司还是属于个人？目前产权不清，这些都需要公开讨论。但可喜的是，目前诸如谷歌、微软等大数据公司已经就算法的责任（Algorithmic Accountability）展开了相关的学术研究工作。

2. 利用法律确保大数据算法的公平性

鉴于大数据对社会的影响重大，需要更加明确和强化大数据算法的社会责任。追求利益可以是大数据公司的目标，但还是要兼顾公平。而兼顾公平通常和利益（或者说效率）是对立的，这就需要相关政府部门立法、立规来加以确保。第二次世界大战结束后，随着公民权利运动的发展，反歧视法也在世界各国得到充分研究和论证。但反歧视法在大数据算法方面的立法工作，在西方国家还处于起步阶段，而在中国甚至还是空白。鉴于大数据涉入人们工作、生活之深，我们需要提前布局，未雨绸缪地构建一个更加完善的法律体系。

3. 谋求构建更加和谐的社会关系

首先，大数据算法的分析对象是数据，而数据归根结底还是社会的镜像。如果社会本身和谐无歧视，自然数据上也不会有体现。所以要努力构建一个无歧视的和谐社会，这是一个复杂的系统工程，还有很多工作要做。

其次，对于大数据算法的设计者而言，一方面，要更严格地筛选算法，测试它们的数据子集，确保算法的无偏性；另一方面，需要着重培训计算机科学家，让他们提高关于反

数据是未来的"石油"。消费者通过互联网大企业的平台享受了服务，付出的代价是个人数据。大企业获得了这些"石油"一般的数据，付出的成本，就是必须要承担更多的社会责任。

种族、地域、性别等方面歧视意识,避免让他们设计的机器学习算法跳进无意识的歧视之中。

最后,大数据公司的企业文化(比如谷歌公司的"不作恶"文化),还需要在一开始就把无歧视的价值导向考虑进去。根据诺贝尔经济学奖得主加里·贝克尔的观点,对雇主来说,歧视其实是有很高的经济成本的,会使其在市场竞争中处于不利地位[27]。因此,从利润最大化出发,大数据公司也应有消除大数据算法歧视的内在动力。只有在方方面面的努力下,才能打造一个更和谐的大数据时代。

5.3 大数据的隐私之痛

现代的通信工具非常便利,特别是智能手机的普及,人与人之间通信距离几乎是"触手可及",彼此间的信息传递更加通畅。依靠智能终端,人人都成为数据的生产者,无数人的只言片语汇集起来就形成庞大的社交大数据。社交大数据的诞生,是人们迈入大数据时代的重要标志。

5.3.1 个人隐身,无处可藏

2003 年冯小刚执导一部根据刘震云同名小说改编的剧情片《手机》,里面就有个经典的桥段,形象生动,令人回味和反思。

费墨(张国立饰)感叹:还是农业社会好呀!

严守一(葛优饰)一时没有听明白,看着费墨。

费墨:那个时候交通通信都不发达。上京赶考,几年不回,回来的时候,你说什么都是成立的!(掏出自己的手机)现在……

严守一仍然看着费墨。

费墨:近,太近,近得人喘不过气来!

科技的进步,虽然极大地拉近了人们的距离,但也有其副作用——个人的隐私,无处可藏。

大数据时代,在移动互联网的辅佐之下,人们所有的行为都在数字空间留下难以毁灭的数字印记,隐私保护成为我们难以承受的数字之痛。

5.3.2　优步的"荣耀之旅"

Uber[①] 曾在官网上发布一篇题为"荣耀之旅（Rides of Glory，RoG）"的博客。Uber利用数据分析技术，专门筛选出那些在晚上 10 点到凌晨 4 点之间的用车服务，并且这些客户会在四到六小时之后，在距离上一次下车地点大约 1/10 英里（160 米）以内的地方再次叫车。一旦发生这样的关联事件，Uber 就推断发生了一次"荣耀之旅"。

根据对这些数据的分析，Uber 推断出那些发生"荣耀之旅"的时间和地点，并将这些地点在纽约（NYC）、旧金山（SF）、波士顿（Boston）以及其他美国城市的地图上进行标注，得出"荣耀之旅"频繁的高发区。数据分析发现，波士顿位于美国"荣耀之旅"之首，而纽约人则显得比较保守，这个比率仅为波士顿的 1/5，如图 5-9 所示。在时间节点上，"荣耀之旅"最频发段是周五和周六晚上。

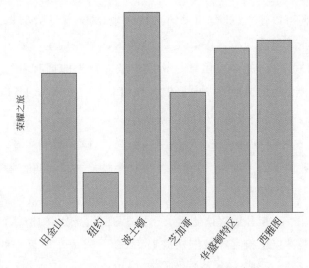

图 5-9　美国大城市"荣耀之旅"发生率的对比（图片来源：Uber）

Uber 此处虽多为开玩笑之举，但也确实有严重侵犯了用户隐私之嫌，遭到很多用户及媒体的抗议。甚至《纽约时报》都发表题为《我们不能信任优步》的文章[28]。

---

①　中文译作优步，著名的打车软件服务公司，乘客可以通过发送短信或是使用移动应用程序来预约车辆，利用移动应用程序时还可以追踪车辆的位置。

在遭到用户和媒体抗议以后,Uber 迅速删除了这篇博客,但在这个数字时代,一旦在线上网,就能很容易找到这篇被删除的文章,因为在数字空间人们难以消除自己留下的电子印记,这是数字时代的重要特征。

不可否认的是,大数据时代的到来,为我们的学习、生活带来诸多便利。然而,不能否认的是,任何事情都有两面性,大数据技术犹如一把双刃剑,它既可以给人们的生活、工作带来便利,但也能带来诸如侵犯隐私的消极影响。

5.3.3　有关数据隐私的立法

隐私就是那些你不愿意被人知道,也不愿意被人侵犯的个人领域。隐私的本质,是一种自我的意识,将自我与外界区分开来。

完善的立法,对保护用户隐私来说极其重要。例如,规定只有用户需要个性化服务定制的时候,自己提出需求,大数据公司才可以调用该用户的信息,其他情况下的信息调用都采取匿名的方式,否则就视作侵犯隐私。

在立法层面,还可以建立、健全相关的法律法规,约束那些大数据的拥有者,让他们不能肆意妄为,侵犯人们的隐私。在个人层面,作为大数据的生产者——我们自己,也需要有相应的权利,决定自己的个人信息是否可以被大数据的拥有者所利用。例如,欧盟早在 1995 年就在相关数据保护法律中提出了被遗忘权(Right to be Forgotten)概念,任何公民可以在其个人数据不再需要时提出删除要求。

赋予个人被遗忘权是一种法律上重新平衡的尝试,这种权利主要面向网络生活。其核心诉求就是,大数据穹幕之下,人们有权主张有关自己的信息可以被删除,从而使其部分形象淡忘于"数据江湖"。

欧盟委员会从 2012 年开始建议制定关于网上被遗忘权利的法律[29] 2014 年 5 月 13日,谷歌诉冈萨雷斯被遗忘权案在欧盟法院败诉,使一直处于争议中的被遗忘权正式成为一个真正意义上的法律概念,被应用在网络侵权之内,以实现保护个人信息的功能。欧盟法院的最终裁决认为,谷歌公司作为搜索引擎运营商,对其处理的第三方发布的带有个人数据的网页信息负有责任,并有应用户要求将其消除的义务。

美国加州也通过了"橡皮"法律,要求诸如谷歌、Facebook 等科技公司,必须应用户要求,删除涉及个人隐私的信息,这项规定已于 2015 年生效。2015 年 8 月,《纽约时报》发表题为《在线的"被遗忘权"可能会蔓延》的文章[30]，文章表示，尽管有关被遗忘权争议不断①，但在线个人信息的被遗忘权的范围正在蔓延。

加强隐私保护也受到越来越多科技公司的重视，甚至还成为部分公司赢得用户信赖的买点。例如 2020 年 6 月，苹果公司在世界开发者大会（Worldwide Developers Conference，WWDC）上发布了新一代的操作系统 iOS 14，该系统对用户隐私方面采取了全新的策略，例如模糊定位、对麦克风和摄像头调用实施监控、相册读取范围控制。

最令人瞩目的是，2020 年苹果操作系统 iOS 更新了它的广告跟踪标识符 IDFA，从原来的 opt-out（选择退出）需要用户手动选择关闭，变更为 opt-in（选择进入）选择打开。这样一来，所有广告运营商想要获取用户隐私，都必须经过用户显式地许可。

> IDFA 是"Identifer for Advertisers"的缩写，即"广告商标识符"，它是每台 iOS 设备独有的字母和数字组合，类似于设备的身份证号码，在线广告商可以用它来跟踪用户，并投放定向广告。

自然，这个策略严重影响了以在线广告为生的互联网公司的利益。一经发布，以发布就遭到了业界相关企业的抵制，特别是 Facebook、Twitter 等企业。虽然由于舆论压力，最后苹果公司选择了延期实施，但这也表明了苹果公司的态度，这也可能是未来科技大公司的发展趋势——靠获取用户隐私来营利的空间，愈来愈小。

5.3.4　隐私与便利的权衡

毋庸置疑，隐私保护很重要。然而，一些学者的观点是，过度隐私的保护，在某种程度上其实是阻碍了连接，这与科技进化方向是相反的。因此，最终很可能会完全败下阵来。

从目前微信或支付宝等众多移动互联网产品迅猛地渗透于人们的工作与生活这一趋势来看，隐私保护已经在节节败退，或者换个角度来说，人们已经接纳了新的隐私观——为了方便，人们不得不主动出让了自己的隐私。因此，在某种程度上说，有多大程度上的连接，就有多方便，而有多大程度上的方便，也意味着有多大程度上的隐私丧失。

在《迷茫时代的明白人》中[31]，资深媒体人罗振宇列举了一个很生动的例子。例如，你买了一辆汽车，放到车库里，你完全没有必要告诉别人，你买的是比亚迪还是凯迪拉克，也没有必要告诉别人你的车牌号是几号，因为这是你的隐私。

但是你买车的目的是什么呢？ 如果不是放在车库里仅供自我欣赏的话，那么一旦你

---

① 主要是指隐私的界限难定，如果每个个人/国家，都有一个自己版本的隐私定义权那么诸如谷歌这类互联网大数据企业，将无所事从。例如，维基百科的创始人吉米·威尔士（Jimmy Wales）就表示，如果满足每个版本的个人/国家的在线隐私被遗忘权，那么把整个数字世界都删除得了，如此一来，这还是互联网吗？

的车上路,有关这车辆的一些信息就不能再是你的隐私了。按照起码的交通规则,你的车牌号是不能遮挡的,因为你一旦驾车上路,在享受便捷交通的同时,你也通过车辆连接进入了社会网络,在网络中需要和别人互动,你就得交代你的标识(如同一台计算机如果没有它的身份证 IP,否则就无法在网络上通信一样)。这样,一旦发生了交通事故,警察能找到你。也就是说,你在路上的整个行为,必须是可追溯的。这个时候,如果你说为了隐私,我要遮挡号牌,不仅警察不会放过你,估计整个社会也不会接纳你这种不负责任的行为。

但是,倘若在平时,如果有某个机构,让你在胸口挂个身份证牌子行走于街头巷尾,估计你肯定会大声疾呼,这是侵犯我的隐私!可你知道吗?在某个程度上,车牌号就是我们个人身份证号的变形再现(这是因为,通过车牌能非常容易地追溯车主身份信息)。试问一下,在车上外挂一个你的"另类身份证"(车牌号),驾车行驶于大街小巷,你怎么就能对这种"曝光"你隐私的行为而无感呢?

原因其实很简单。就是因为,人们的隐私观在不知不觉中发生了重大变化。汽车上路就好比数据在线。在大数据时代,人们在各行各业中都会留下自己活动的数字印记。为了方便自己的生活,人们的隐私的确在丧失。

但这种丧失,一方面,来自于自我的出让:为了寻求在某些方面(如便捷地驾车)便利,心甘情愿地自我让渡一定程度的隐私。另一方面,也源自人类社会对隐私伦理的观念发生了很多基础性的改变。从而,让这种隐私丧失的恐惧感并不是那么明显。例如,我们在微博、朋友圈不断地分享自己的点点滴滴,还生怕别人不去看、不去点赞。这实际上就是个人隐私的淡化或隐私观念的转化。

随着人工智能的普及,它也在出现新的态势,人类社会(无论东方或西方),都需要建立一种新的隐私观[23]。在保守秘密时,人们常说的一句话是"天知地知,你知我知"。这句话背后的潜台词是,"天知、地知"是没事的,我们不会介意自然环境(即天和地)在注视或监视我们,那我们是否应该介意算法和机器注视着我们?或者说,在未来,算法和机器就是我们生活环境的一部分,让机器了解我们,向机器开放我们的数据,将"天知地知"扩展到"天知地知机知",这恐怕是通向智能时代、人机协同时代难以回避的选择。

我们必须承认,在大数据发展过程中,暴露出很多问题是在所难免的,但人们不能因噎废食,不能因为会有问题发生而拒绝成长。在人类社会发展历程中,总有那么一双无形的手,会自动去匡正那些过激的、不合理的地方,时间或早或晚而已。

5.4　本章小结

本章首先反思了大数据火热背后的若干思考。例如，"园中有金不是金"说的就是，大数据的价值"功成不必在我"，而更在于对整个大数据产业的推动。再例如，盖洛普的成功在于，数据价值的成功在于无偏性，如果数据有偏，数量再大，得出的结论也是偏颇的。数据的价值是多维的，人的认知是渐进的。随着技术的进步，人们认知的升级，对大数据的理解就会更加深刻和准确。

正如在前面的章节所提到的，我们处于多范式并存的时代。在大数据如火如荼之时，小数据依然有其价值，我们应该将大数据与小数据结合起来，创建对人类行为更深入、更准确的表达。数据本无大小，但运用数据的立场却分大小，是谓大数据。

然后，讨论了大数据算法的伦理问题。提起大数据技术，很多人会认为，技术是中立的，大数据技术理应也是如此。然而，大数据算法有所不同，因为喂养大数据算法的是海量的数据，而数据是人类活动的同构映射。人类的歧视性等众多劣根性，很可能会全息反映在大数据算法之中。

最后，讨论了大数据带来的隐私之痛。一方面，大数据公司无时无刻不在收集我们的数据，从而形成用户画像，可以为人们提供更加人性化的服务；另一方面，我们的隐私在大数据公司面前无处躲藏。除了加强相关立法之外，也需要在个人便利和隐私之间做权衡。想让大数据算法贴心地提供服务，就需要知道我们更多的个性化信息，即丧失部分隐私。而过度获取用户隐私，又违反科技伦理与道德。

大数据技术就犹如那"蜡和羽毛"做的翅膀（见图 5-10），它可以助人们飞得更高，但倘若过分依赖它，就有葬身大海的风险。我们要学会如何让大数据为我所用，而不是成为大数据的奴隶。

在前面的几个章节中，我们较为"形而上"地务虚地讨论了大数据的历史、内涵、创新实践及伦理，但大数据的落地，还必须"形而下"地务实讨论大数据分析技术，这就是第 6 章即将讨论的问题。

图 5-10　大数据的两面性

思考与练习

5-1　大数据的价值体现在哪里? 什么是大数据的"蜜蜂效应"。

5-2　对个人而言,大数据和小数据分别有哪些作用?

5-3　谷歌预测流感为什么会在后期失败?

5-4　什么是大数据伦理? 大数据算法的歧视性体现在哪里?

5-5　针对大数据带来的隐私问题,你认为该如何更好地应对?

5-6　讨论题:互联网公司一度盛行的"大数据杀熟"是典型的"看人下菜碟",其做法是属于价格歧视,让顾客非常不满意。然而,价格歧视在经济学上具有一定的合理性(教科书中有定论)。你是如何辩证看待对个性化服务(自然也会有相应的个性化收费)和"大数据杀熟"之间的平衡的?(说明:技术伦理从来都是争议不断,没有让所有人都满意的答案,但你可以有自己独到的观点)

本章参考文献

[1]　LOHR S. The age of big data[J]. New York Times,2012,11(2012).

[2]　SHANKS B. Scout's honor：The bravest way to build a winning team[M]. Sterling & Ross Pub Incorporated,2005.

[3]　WALTZ E. The Quantified Olympian：Wearables for Elite Athletes[J]. IEEE Spectrum,IEEE, 2015,52(6)：44-45.

[4]　 JONAH COMSTOCK. Why small data, data donation should be healthcare's future[J]. HIMSS,2013.

[5]　VALERIE BARR. The Frontier of Small Data[J]. Communications of the ACM,2013.

[6]　DEBORAH ESTRIN. Small data, where n＝ me[J]. Communications of the ACM,2014,57(4)： 32-34.

[7]　涂子沛,郑磊. 善数者成：大数据改变中国[M]. 北京：人民邮电出版社,2019.

[8]　TIM HARFORD. Big data：are we making a big mistake？[J]. Financial Times,2014.

[9]　 DECLAN B. When Google got flu wrong：US outbreak foxes a leading web-based method for tracking seasonal flu[J]. Nature,2013,494：155.

[10]　LAZER D,KENNEDY R,KING G,et al. The parable of Google Flu：traps in big data analysis [J]. Science,American Association for the Advancement of Science,2014,343(6176)：1203-1205.

[11]　维克托·迈尔-舍恩伯格,肯尼思· 库克耶迈尔. 大数据时代：生活、工作与思维的大变革[M]. 杭州：浙江人民出版社,2013.

[12]　吕乃基. 大数据与认识论[J]. 中国软科学,2014(9)：34-45.

[13]　林子雨. 大数据导论：数据思维、数据能力和数据伦理(通识课版)[M]. 北京：高等教育出版 社,2020.

[14]　邱仁宗,黄雯,翟晓梅. 大数据技术的伦理问题[J]. 科学与社会,2014,4(1)：36-48.

[15]　凯文·凯利. 失控：全人类的最终命运和结局[M]. 北京：新星出版社,2010.

[16]　张玉宏,秦志光,肖乐. 大数据算法的歧视本质[J]. 自然辩证法研究,2017(5)：81-86.

[17]　EDITORIAL. More accountability for big-data algorithms[J]. Nature,2016.

[18]　托马斯·克伦普. 数字人类学[M]. 北京：中央编译出版社,2007.

[19]　熊逸. 王阳明：一切心法[M]. 北京：北京联合出版社,2016.

[20]　舒红跃. 现象学技术哲学及其发展趋势[J]. 自然辩证法研究,2008,24(1)：46-50.

[21]　凯文·凯利. 科技想要什么[M]. 熊祥,译. 北京：中信出版社,2011.

[22]　HARARI Y N. Homo Deus：A brief history of tomorrow[M]. Random House,2016.

[23] 高明华. 偏见的生成与消解：评奥尔波特《偏见的本质》[J]. 社会,2015,35(1)：206.

[24] WU X,KUMAR V,QUINLAN J R,et al. Top 10 algorithms in data mining[J]. Knowledge and information systems,2008,14(1)：1-37.

[25] BLACKMORE S,BLACKMORE S J. The meme machine[M]. Oxford Paperbacks,2000.

[26] 凯文·凯利. 技术元素[M]. 北京：电子工业出版社,2012.

[27] 加里·贝克尔. 歧视经济学[M]. 北京：商务印书馆,2014.

[28] TUFEKCI Z,KING B G. We can't trust Uber[J]. The New York Times,2014.

[29] MANTELERO A. The EU Proposal for a General Data Protection Regulation and the roots of the 'right to be forgotten'[J]. Computer Law & Security Review,Elsevier,2013,29(3)：229-235.

[30] MANJOO F. Right to be forgotten'online could spread[J]. New York Times,2015.

[31] 罗振宇. 迷茫时代的明白人[M]. 北京：北京联合出版公司,2015.

第 6 章

大数据处理的技术图谱

> 形而上者谓之道,形而下者谓之器。
>
> ——《易经》。

在前面的章节里,我们多是在"道"的层面探讨了大数据的历史、内涵、哲学及思考,朱熹老先生告诉我们:"有道须有器,有器须有道,物必有则"。对于大数据,我们既需要"道"的理论指引,也需要"器"的落地实践。

在本章,我们将简要探讨大数据的"器"。所谓"器"者,乃工具也。从"器"的层面来讲,由于如今非结构化的数据,已经占据大数据的主流,以前很多针对有关"小数据"时代的数据存储、传输、分析技术等"器"具(分析工具),已不适用于大数据时代。通过本章的学习,读者可获知有关大数据技术的"大图(Big Picture)",在宏观层面,对大数据处理的相关技术有所了解。

6.1 大数据价值的技术实现

从前面章节的描述中,我们知道,大数据蕴涵大价值。但大数据价值的高效获取,却离不开 A、B、C 三大要素,也就是所谓的大分析(big Analytic,A)、大带宽(big Bandwidth,B)和大内容(big Content,C)[1],下面分别简要介绍。

(1) 大内容指的就是数据多。由于大数据的价值是稀疏的,而所谓大数据的价值,其实是隐藏于数据背后的某些规律或特征。当数据集很小时,这些规律或特征是不显著的,难以观察,只有在数据内容足够多、数据量足够大的前提下,隐含于大数据中的规律、特征才能被识别出来。

（2）大带宽说的是，只有通过提供良好的基础设施，才能在更大范围内收集数据，从而以更快的速度传输数据。让大数据在网络中快速流动起来，为大数据的分析、计算等环节，提供时间和数据量等方面的基本保障。

（3）大分析是指，通过创新的数据分析方法和适合的计算框架，实现对海量数据的高效、快速、及时地分析与计算，从而挖掘出隐含于数据中的规律，探寻事件背后的原因，预测未来的发展趋势，最终达到利用这些知识，指导人们的行动，让数据的价值得以彰显。

简而言之，在实现大数据价值发掘的过程中：大内容是前提条件，大带宽是基本保障，大分析是实现途径。在本章主要聚焦于大分析所用技术图谱的讨论上。

6.2 大数据技术的几个重要概念

在读者尚未深入了解下面的各个具体的框架层次之前，有必要先介绍大数据技术的几个重要概念，如 NoSQL 数据库、CAP 与一致性理论、MapReduce 等相关领域的背景知识。有了这些背景知识的积淀，有助于读者更为深入地理解大数据技术。

6.2.1 非结构化（NoSQL）

人是爱挑食的动物。其实，计算机也一样会"挑食"，它最喜欢吃的数据，叫作结构化数据（structured data）。那什么是结构化数据呢？

简单来说，结构化数据是指可以用二维表结构来逻辑表达实现的数据。每个数据项在里面占据一行，也称行数据。例如，在图 6-1 中，列出了截至 2021 年 4 月中国知网有关"大数据"引用率最高的 10 篇论文，每篇论文占一行，这一行对应的特征（field）分别是编号、题名、作者、来源、发表时间、被引次数和下载数量。每一个特征对应一列，每一个特征的取值范围和存储所需的数据量都有清晰的界定，这就是典型的结构化数据。

结构化数据背后的逻辑简单明了，不仅人容易理解，计算机也容易理解。一旦数据被整理成一张一张的表格，就有非常多成熟的数据挖掘和分析软件（如 Oracle、SQL Server 及 MySQL 等），可以自动化地从这些表格中获得想要的查询结果。但倘若我们还可以在图 6-1 所示的这个表中新增加三列内容。

（1）一列为期刊的封面（这是一个图片文件）。

（2）一列为论文正文（这是一个 PDF 文档）。

	题名	作者	来源	发表时间	数据库	被引	下载	操作
□1	大数据管理:概念、技术与挑战	孟小峰; 慈祥	计算机研究与发展	2013-01-10 07:44	期刊	3791	105239	⬇ ▣ ☆ ⑲
□2	大数据研究:未来科技及经济社会发展的重大战略领域——大数据的研究现状与科学思考	李国杰; 程学旗	中国科学院院刊	2012-11-15	期刊	2486	54345	⬇ ▣ ☆ ⑲
□3	深度学习的昨天、今天和明天	余凯; 贾磊; 陈雨强; 徐伟	计算机研究与发展	2013-09-02 20:26	期刊	1505	45356	▣ ☆ ⑲
□4	从隐私到个人信息:利益再衡量的理论与制度安排	张新宝	中国法学	2015-06-09	期刊	1300	30211	⬇ ▣ ☆ ⑲
□5	网络大数据:现状与展望	王元卓; 靳小龙; 程学旗	计算机学报	2013-06-15	期刊	1296	77370	⬇ ▣ ☆ ⑲
□6	大数据系统和分析技术综述	程学旗;靳小龙;王元卓;郭嘉丰;张铁赢 ❯	软件学报	2014-09-15	期刊	1256	61027	▣ ☆ ⑲
□7	大数据安全与隐私保护	冯登国; 张敏; 李昊	计算机学报	2014-01-15	期刊	1154	49567	⬇ ▣ ☆ ⑲
□8	架构大数据:挑战、现状与展望	王珊;王会举;覃雄派;周烜	计算机学报	2011-10-15	期刊	1117	33796	⬇ ▣ ☆ ⑲
□9	智能电网大数据技术发展研究	张东霞; 苗新; 刘丽平; 张焰; 刘科研	中国电机工程学报	2015-01-21 10:26	期刊	833	38514	⬇ ▣ ☆ ⑲
□10	智能电网大数据处理技术现状与挑战	宋亚奇; 周国亮; 朱永利	电网技术	2013-04-05	期刊	796	21447	⬇ ▣ ☆ ⑲

图 6-1　结构化数据表范例

(3) 一列为读者的评价(这是可长可短的若干个 TXT 格式的文本文件)。

由于这三个新增列的内容既不是一个具体的数值,也不是在有限的分类中的某一个确定类,原来的结构化的处理办法一下子就失效了。例如,查询期刊封面图片中含有"大数据"字样的期刊,我们就没有办法以"整齐划一(即结构化)"地找到这些期刊。

从形形色色的非结构化(NoSQL)数据(如音频、视频、图片、文档等,见图 6-2)中,提取出有用的、可以量化或用于分类的信息,并不是一件容易的事情。

以前,这类技术没有受到像现在这样的重视,是因为在所有等待处理的数据中,结构化的数据占据了大半江山。互联网特别是移动互联网的发展,极大扩充了这个比例,目前可能超过了 90%。因此,在现在以及可以预期的将来,如何处理非结构化的数据一直会是大数据挖掘分析的中心问题之一。之所以处理非结构化数据难度很大,是因为非结构化数据形态各异,数据拥有者有着不同的价值诉求,没有办法找到统一的分析挖掘的方法[2]。

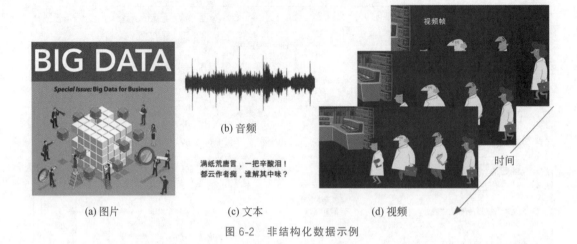

图 6-2　非结构化数据示例

事实上,将 NoSQL 翻译为"非结构化"不甚准确,因为 NoSQL 更为常见的解释是 Not Only SQL(不仅仅是结构化),换句话说,NoSQL 并不是站在结构化 SQL 的对立面, 而是既可包括结构化数据,也可包括非结构化数据。

NoSQL 运动方兴未艾,自然也不乏有专家对 NoSQL 的前景表示质疑。其中就包括 斯通布雷克。2010 年 4 月,斯通布雷克在计算机协会 ACM 的学术期刊《ACM 通讯》 (*Communications of the ACM*)上发表了一篇题为《SQL 数据与 NoSQL 数据之比较》 *SQL Databases vs NoSQL Databases* 的专栏文章[3]。文章中提出了以下观点。

(1) NoSQL 的优势在于性能(Performance)和灵活性(Flexibility)。

(2) NoSQL 的性能优于 SQL 的说法,并非在所有情况下都成立。

(3) 通常认为 NoSQL 是通过牺牲 SQL 和 ACID 特性,来提升其性能的,然而数据库 的高性能并非一定要抛弃 SQL 或 ACID。

客观地讲,任何技术都有其擅长的领域,没有一种数据库是万能的。在未来,NoSQL 不会全面取代传统关系数据库,就像现在还有企业依然在用分层数据库一样,在大数据 时代,数据库必然也是朝着多元化的趋势发展。

6.2.2　面向列的存储

在分布式文件系统中,数据存放结构对数据库系统的性能有重要影响。目前,在数 据库系统中,主要有三类数据存放结构,分别是水平的行存储(Row-Store)结构、垂直的列存储(Column-Store)结构和行列混合的存储结构。

行存储广泛应用于常规的关系数据库中,如 Oracle、SQL Server、Teradata 等。在本质上,关系数据库是由很多张二维表组成。而所谓的"二维",其实仅仅是一种服务于人们思维的逻辑结构(见图 6-3(a))。

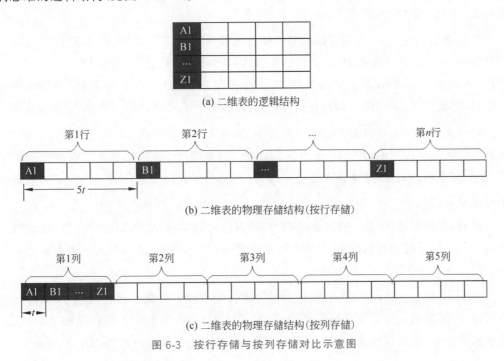

(a) 二维表的逻辑结构

(b) 二维表的物理存储结构(按行存储)

(c) 二维表的物理存储结构(按列存储)

图 6-3 按行存储与按列存储对比示意图

而实际上,在存储介质之上,只存在一维的物理结构。也就是说,在按行存储数据时,在地址空间上从低向高,相邻行依次存储。具体来说,第 1 行存储完毕,紧接着存储第 2 行,然后存储第 3 行,以此类推,直至全部存储完毕(见图 6-3(b))。

假设,现在我们想对二维表中的第一列数据进行处理。为简化起见,再假设数据库系统每次只有能力处理一个单元格的数据,且访问每个单元格用时为 t[①],那么在处理完第 1 行的第 1 列的数据 A1 之后,接着想访问完毕第 2 行第 1 列的数据 B1,就需要跨越 5 个单元格(假设表格每行有 5 列),这样就需要耗费 $5t$ 的访问时间。在真实的关系数据库中,一行记录可能有几百列,在如图 6-3(b)所示的行存储结构中,倘若要读取某一列,在

---

① 这里假设的是一次硬盘或内存寻址时间。

物理空间上,这些同一列的数据,就显得非常稀疏,这严重违反了数据访问的局部性原则。因此,这种情况下的按行存储,访问效率低下是难以避免的。

但倘若按列存储,情况就会大大改观。同样地,由于在实际存储介质中,只存在一维结构,按列存储的模式是,先存储完毕第 1 列,再紧接着存储第 2 列,然后存储第 3 列,以此类推,直至存储完毕,如图 6-3(c)所示。

这样做的好处在于,如果想访问某一列数据的话,它们天然就满足局部性原理,因为访问完毕 A1,B1 紧跟其后,只需要耗费 $1t$ 时间,就可以完成访问,效率较如图 6-3(c)的情况,访问提高了 5 倍多。我们知道,在实际的关系数据库中,一行记录的列数(或称"域")可能远远不止 5 列。因此,在这种按列存储模式下,提升的访问效率,就愈发明显。

对于那些包含大量只读数据的系统来说,事实表(Fact Table)动辄有百列数据,但在实际查询密集型应用中,绝大多数的查询只涉及少数几个属性,如果在按行存储的模式下,必须读取整条记录,从而带来不必要的 I/O 访问开销,这二者之间就产生了读取效率上的矛盾。

目前,以列存储(Column-Oriented)为基础,构架数据库系统,如雨后春笋,逐渐引人注目。最早的开源列式数据库,是由麻省理工学院(MIT)的数据库专家斯通布雷克主导开发的 C-Store 项目[4]。

C-Store 把行转置 90°,变成列,用列的方式存储数据。相比于行存储技术,在进行查询时,列存储数据仓库系统可把需要的列,全部读入内存,避免了无关数据的读取,这让系统的查询效率,得到很大的提升,其查询速度比基于行存储的产品,快 50～100 倍。

6.2.3 CAP 理论

如果 ACID 特性难以适用于分布式计算环境,那么分布式数据库系统的新出路在哪里呢? 针对这一问题,在 2000 年分布式计算原则研讨会上(Symposium on Principles of Distributed Computing,PODC 2000),加州大学伯克利分校的埃里克·布鲁尔(Eric Brewer)提出了布鲁尔猜想(Brewer's Conjecture)[5],系统地阐述了 CAP 理论,并得到了学术界和工业界的认可。CAP 理论断言,任何基于网络的分布式数据共享系统,最多只能满足如下 C、A、P 三个要素中的两要素(见图 6-4)。

2002 年,这一猜想被麻省理工学院的两名计算机科学家赛斯·吉尔伯特(Seth Gilbert)和南希·林奇(Nancy Lynch)证明[6],称为 CAP Theorem(CAP 定理),CAP 是一致性(Consistency,C)、可用性(Availability,A)和分割容忍性(Partition Tolerance,P)

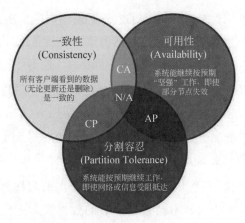

图 6-4　CAP 理论中的三中选二

这三组英文单词首字母的缩写，而 CAP 在英文中凑巧表示"帽子"的含义，故此，也有人形象地将其翻译成"帽子定理"。

CAP 理论的证明，是基于异步网络的。异步网络事实上也是反映真实网络中情况的模型。真实的网络系统中，节点之间基本上不可能保持完全同步，即便是时钟也难以保持同步。

下面从一个侧面，说明 CAP 理论中的"有 PA，必无 C"的证明。假设有两个节点集 {G1,G2}，由于网络分割的存在，导致 G1 和 G2 这两个节点集合之间的通信都断开了，此时，如果在集合 G1 中写入新数据，而在 G2 集合想读取 G1 写入值，也是因为网络分割的存在，在 G2 中返回的值，不可能是 G1 刚刚写入的值，如图 6-5 所示。

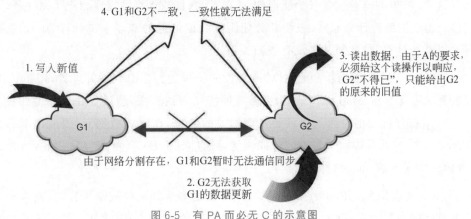

图 6-5　有 PA 而必无 C 的示意图

　　而另一方面,由于可用性(A)的要求,G2 必须成功响应这次读请求,并给出返回值,那么 G2 返回的一定是以前没有更新过的数据旧值。也就是说,由于 P 的存在,G1 和 G2 的数据必定是不一致的,而又由于 A 的存在,一致性(C)是不可能被满足的。

　　根据帽子定理,许多非结构化数据库的分布式存储方式,可以采取先满足可用性和分割容忍性这两特性,然后再实现最终一致性(Eventual Consistency)。这里的最终一致性是指,在没有新更新的情况下,更新最终可以通过网络传播到所有副本点,这样所有副本点的数据,最终会达成一致。

　　采用最终一致性模型有一个关键性的妥协,即读出旧数据是可以接受的。例如,使用百度检索数据时,由于无法保证不同数据中心的数据实时一致性,那么在郑州得到的检索数据,即使与北京得到的数据稍有不同,也是能接受的,甚至用户对此都没有感受到差别。

6.2.4　MapReduce 范式

　　在大数据处理中,MapReduce 是一个常见的计算范式,它是由谷歌公司提出的一个软件架构,用于大规模数据集的并行运算。MapReduce 范式的具体实现(如 Hadoop 的部署与实践)并不那么简单,但其背后的原理,却十分朴素。简单来说,就是计算机科学中的分治算法(Divide and Conquer)。就好比分化敌人,然后各个歼灭。它们是通过两类操作完成指定任务的。

　　(1) Map(映射)操作:它负责分,即把复杂的任务分解为若干个简单的任务来处理。

　　在这里,简单的任务包含三个层面的含义:①数据或计算的规模相比于原任务,要缩小很多;②依据就近计算原则,把任务分配距离数据最近的节点上进行计算;③这些小任务可以并行计算,彼此间几乎没有依赖关系。

　　(2)Reduce(归约)操作:负责对 Map 阶段的结果进行汇总。展开来说,Reduce 操作就是要把杂乱无章的 Map 操作结果,按照某种特征归纳起来,然后合并处理得到最后的结果。Map 操作面对的是杂乱无章的互不相关的数据,在解析数据后,提取出 Key(键)和 Value(值),也就是提取了数据的特征。然后通过 Shuffle 阶段,将 Map 任务输出的结果,有效地传送到 Reduce 端。

　　Shuffle 过程是 MapReduce 的核心。Shuffle 的本意是洗牌或随机打乱,在这里表示优化节点间的数据流向,例如在跨节点拉取数据时,通过 Shuffle 优化,尽可能地减少对带宽的不必要消耗,并尽量使用内存而不是磁盘,以减少磁盘 I/O 操作对任务执行的影响。最后,在 Reduce 阶段,主要是汇总各个节点处理的中间数据。

　　上述过程可以用作汉堡的流程比拟,如图 6-6 所示。首先,对做面包的原材料进行分类,提取键和值,比如面包就是一个键,一个面包通过 Map 操作,就会得到很多面包切面。类似地,把生菜、洋葱和西红柿一一地拿给 Map,也会得到各种对应的碎块(这就是所谓的"分而治之")。

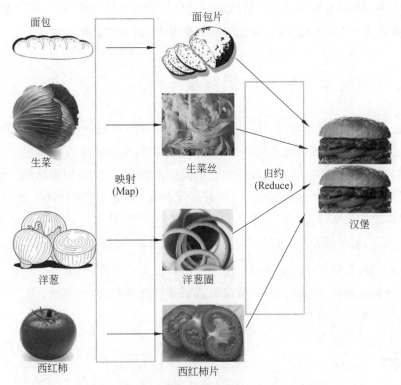

图 6-6　用作汉堡的流程比拟 MapReduce 过程

　　接下来,将 Map 操作得到的各种处理好的食材,聚集在一起(也就是 Reduce 过程),就可以得到汉堡了。其实,上述操作仅仅是 MapReduce 的一部分。通常一个"汉堡师傅"就可以完成 Reduce 操作。MapReduce 真正的强大之处,其实在于它的分布式计算。假设我们每天需要生产 10 000 个汉堡,又该怎么办呢?万一某些汉堡师傅因生病而没来上班,又该如何重新部署任务?

　　单兵作战策略肯定是完成不了大任务的,大规模协同作战势在必行,这就是分布式计算。首先,我们需要提供大量各式各样的食材(各种非结构化的大数据)。然后,就是雇佣更多的工人来切蔬菜(更多分布式节点实施 Map 操作),当所有的工人都切完以后,每个工作台上(计算节点)都有了面包片、生菜丝、洋葱圈和西红柿片等。最后,还需要非常多的汉堡师傅,将这些处理好的食材汇总起来,批量生产成汉堡(更多分布式节点实施 Reduce 操作)。

在大数据计算中,工作节点出现故障不应该假设为意外,而应视为常态。也就是说,大数据系统中,存储、计算环节发生故障而保证生产任务得以继续进行,是一个基本的需求。这就需要涉及 MapReduce 还必需具备数据容灾、服务容灾等功能。

6.3 大数据分析关键架构层概要

为了让读者对"大分析"的轮廓有个宏观的了解,我们首先看一下大数据处理的几个关键架构层。如同计算机网络采用分层模型,之所以对大数据分析框架实施分层,简单来说,是因为分层目的就是要将复杂的大数据问题实施分工,化整为零,分解到一系列容易控制的模块中。每种性质的功能群,可归属于同层,而各层之间,设计通用的连接接口,通过接口进行信息传递。每一个层内,可以根据需要,独立进行修改或扩充功能,且可以有多个不同的备选方案,用户可根据具体需求,选取合适的解决方案。

自底向上看,大数据分析框架的层次大致可分为文件系统层、数据存储层、资源管理和协调层、计算框架层、数据分析层、数据集成层和操作框架层,如图 6-7 所示,下面余下的章节,我们分别给予简要地介绍。

6.3.1 文件系统层

文件系统(File Systems)是计算机操作系统的一部分,它提供一种存储、组织计算机数据的方法。对于大数据存储与分析而言,由于需要处理的数据量较大,单台计算机难以存储。因此,通常涉及集群中多台计算机相互协作完成。出于这个原因,这里的文件系统就狭义化称为分布式文件系统(Distributed File System,DFS)。

分布式文件系统是指,文件系统所管理的文件,其物理存储通常不在本地节点上,而是分散在一个分布式系统中。在这一层里,分布式文件系统需具备存储管理、容错处理、高可扩展性、高可靠性和高可用性等特性。目前主流的分布式文件系统有谷歌文件系统

在一个分布式系统中,一组独立的计算机展现给用户的是一个统一的视图,就好像是一个系统一样(例如中国的"天河一号"超级计算机)。这组一起工作的计算机,拥有共享的状态,它们同时运行,独立机器的故障不会影响整体。

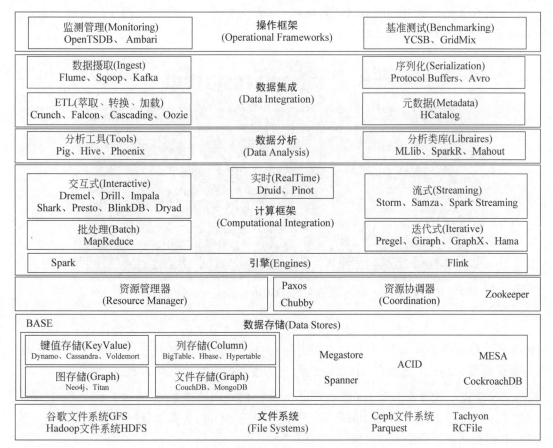

图 6-7　大数据处理的关键架构层

（Google File System，GFS[7]）、Hadoop 文件系统（Hadoop Distributed File System，HDFS[8]）、Spark RDD[9] 文件系统等。GFS 是谷歌公司为了存储海量搜索数据而设计的专用文件系统。HDFS，见名知意，主要是服务于 Hadoop（见图 6-8）生态系统的一个分布式文件系统。

图 6-8　Hadoop 的图标

　　经过多年的发展,Hadoop 已经有相对完善的生态系统,如图 6-9 所示。后面的章节会对其中部分工具给予简单解释。

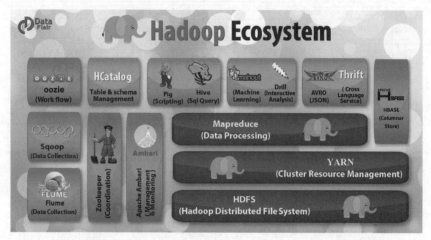

图 6-9　Hadoop 的生态系统(图片来源:Data Flair)

　　Hadoop 系统在众多互联网公司的广泛应用,极大地推动了非结构化数据库 NoSQL 的发展。但也不得不承认,由于 Hadoop 主要侧重于离线数据的处理,而当前大数据公司对数据的实时性要求比较高,Hadoop 的风头正逐渐被实时性更高的 Spark 抢去。

　　Spark 是一款开源的类 Hadoop/MapReduce 的通用计算框架,不同于 Hadoop 的是,为了提高数据分析的实时性,Spark 完全是基于内存计算的大数据分析框架。发展至今,Spark 也有非常客观的生态系统(见图 6-10)。

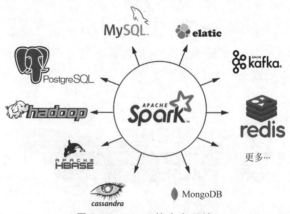

图 6-10　Spark 的生态系统

为了方便访问内存中的数据,也需要一套行之有效的管理规范,而这套规范就是由加州大学伯克利分校的研究人员提出的 Spark RDD[10]。这里 RDD 指的是弹性分布式数据集(Resilient Distributed Datasets),该数据集是只读的记录集合,只能通过对稳定存储介质中的数据或其他 RDD 的确定性操作创建。

6.3.2　数据存储层

前面提到了文件系统层的设计,接下来讨论数据存储层的设计。为了便于理解,这里我们做一个类比。如果说文件是普通市民,而文件系统就是管理普通市民的系统,那么专门保家卫国的士兵也用这套系统管理行不行呢? 很显然,是不行的,因为二者的定位和目标是不一样的。

类似于士兵的特定目标是保家卫国,需要专门的部队章程来管理他们,也有一类文件是专门管理数据的系统,它提供成千上万的用户同时高效而无误地访问和修改数据。这类专业的管理数据文件的系统,就是数据库系统。

当前,就大数据系统而言,所采集到的数据,十之七八为非结构化和半结构化数据,数据的表现形式各异,有文本的、图像的、音频的、视频的等。因此,常见的数据存储也对应有多种形式,有基于“键-值”(Key-Value)的,有基于文档(Document)的,还有基于列(Column)和图表(Graph)的。

在数据存储层,还有很多类似的系统和某些系统的变种,在这里仅仅列出几个较为有影响力的数据存储系统(俗称大数据库)。如基于“键-值”的数据存储系统,主要包括 Apache 旗下的 Cassandra,以及 Sanfilippo 提出的 Redis。

目前面向列存储的格式,日益在大数据库领域得到广泛应用。例如,谷歌公司开发的 Bigtable(俗称大表)是分布式表格系统的开创者。Bigtable(见图 6-11)是基于 Google

图 6-11　Bigtable 的标识

文件系统(GFS)的一个分布式数据存储系统[11]，用来处理 Google 的 PB 级海量结构化数据。Bigtable 虽然表面看起来是一个数据库，也的确采用了很多现代数据库的实现策略，但 Bigtable 并不支持完整的关系型数据模型。

Hadoop 文件系统(HDFS)是 GFS 的开源实现。那么对标于 Bigtable 这样闭源非结构化数据，HDFS 之上的开源数据库是谁呢？它就是 HBase。

HBase 的全称是 Hadoop Database。顾名思义，它就是 Hadoop 上的数据库。HBase 不仅开源实现了 Bigtable 的架构，如压缩算法、内存操作和布隆过滤器(Bloom Filter)等，而且它还锦上添花，使得 Hadoop 生态系统更加完善。

HBase 是一个分布式的、面向列的开源数据库(见图 6-12)，其设计理念源自谷歌的 Bigtable。Hadoop 生态系统的 HDFS 和 MapReduce 分别为大数据提供了文件管理和数据计算的能力，但是对在线实时的数据存取则有点捉襟见肘，而 HBase 作为 Apache 顶级项目，弥补了 Hadoop 的这一缺陷，满足了在线实时系统低延时的需求。

图 6-12　HBase 的标识

面向文档(Document Oriented Stores)的大数据库也非常流行。它的基本存储单位就是一整篇文档。一篇文档可以存储任意数量的不限长度的域，每个域可以存储多个值。

那么到底什么是文档呢？文档既可以是普通的文本，存储为 JSON 格式，也可以是 XML 或 YAML 文档(大部分 JSON 文档都可以被 YAML 解析器解析)等，还可以存储二进制文档格式，如 PDF 和 Microsoft Office 文档(Word、Excel 之类)。表 6-1 给出了 JSON 编码和 XML 编码的两个文档，读者可以感性认识一下。

表 6-1 所示的这两个文档相互共享一些结构性元素。在文档内部的结构、正文及其他数据通常被称为文档的内容。在一个面向文档的数据库中，不需要像 RDBMS 中那样，在设定好表格结构后，某个域(Field)即使没有值可存，也得存储诸如"空(NULL)"之类的字样，白白浪费存储空间。相比而言，在文档数据库中，如果某个字段没有值，就不需要为之浪费一个字段。如表 6-1 所示，JSON 文档中没有"zip(邮政编码)"字段，它就可以很"任性"地不设置这个字段。这不仅节省了数据库的空间，而且它还允许向某些记录增加新的字段时，而不影响其他共享这个文档的程序。

表 6-1　文档数据库示例

JSON 文档	XML 文档
```{ "FirstName": "Bob", "Address": "5 Oak St.", "Hobby": "sailing"}```	```<contact> <firstname>Bob</firstname> <lastname>Smith</lastname> <phone type="Cell">(123) 555-0178</phone> <phone type="Work">(890) 555-0133</phone> <address> <type>Home</type> <street1>123 Back St.</street1> <city>Boys</city> <state>AR</state> <zip>32225</zip> <country>US</country> </address></contact>```

　　MongoDB 是另一款面向分布式文件存储的开源数据库系统(见图 6-13),于 2009 年
首次发布,成为 NoSQL 领域中冉冉升起的一
颗新星。作为一个适用于敏捷开发的数据库,
它被设计成为一个可伸缩的数据库(Mongo 的
名字来自于 Humongous,意为其大无比),高性
能和易存取是其核心设计目标。MongoDB 中
的文档类似于 JSON 对象,其存储形式为二进

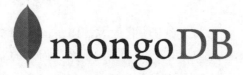

图 6-13　MongoDB 的标识

制序列化文档格式(Binary Serialized Document Format,BSON)。

　　MongoDB 是无模式的(Schema-Free),这意味着存储在 MongoDB 数据库中的文件,
用户无须了解它的任何结构定义,用户完全可以把不同结构的文件存储在同一个数据
库里。

6.3.3　资源管理层

　　我们常说,"养兵千日,用兵一时"。但环顾周边,群"狼"虎视眈眈。到底在哪个地方
部署更多兵力,才能最大范围地保家卫国呢? 这其实就是资源分配问题了。类似地,任
何一个大数据系统,计算资源、存储资源都不是无限的。该如何更好地利用好资源呢?
这就需要设计一个好的资源管理器。

为了更好地管理各种计算资源,在 Hadoop 2.0 以后版本中,引入了新的资源管理器——YARN(Yet Another Resource Negotiator,另一种资源协调者)。在模式上,YARN 是以整体性调度的方式管理资源的。YARN 是一种新型的面向 Hadoop 2.0 的资源管理器。作为一个通用资源管理系统,它可为上层应用提供统一的资源管理和调度(图 6-14)。

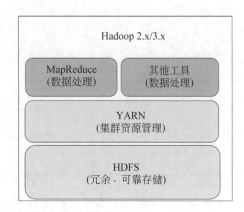

图 6-14　Hadoop 不同版本的层次结构对比

YARN 是新一代的 MapReduce 计算框架(简称 MRv2)的核心部件之一[12],它是在第一代 Hadoop 1.0 的基础上演变而来的。YARN 的引入,大大提高了集群的资源利用率,并降低了集群管理成本。作为一个分布式的资源管理系统,YARN 主要用来提高分布式集群环境下的资源利用率,这些资源包括内存、I/O、网络、磁盘等。

当前的调度器模式,则是朝着分层调度的方向演进。分层的调度模式,可以管理不同类型的计算工作负载,从而可获取更高的资源利用率和调度效率。Mesos 则是这个方向的代表作(见图 6-15)。Mesos 是 Apache 下的开源分布式资源管理框架,它提供了有效的、跨分布式应用或框架的资源隔离和共享,可视为分布式系统的内核。

图 6-15　Mesos 的图标

　　Mesos 作为一款开源的集群管理器,可对多集群中的资源进行弹性管理(包括资源的隔离和分享),可运行 Hadoop、MPI(Message Passing Interface,消息传递接口)、HyperTable 和 Spark 等多种分布式计算框架之上。作为一个全局资源调度器,Mesos 使用 Zookeeper 实现容错复制,使用 Linux Containers(一种基于容器的操作系统层级的虚拟化技术)来隔离任务,支持多种资源计划分配。

6.3.4　计算协调层

　　前面提到了大数据系统的资源管理机制,其目的是为了更好地统筹分配计算资源。但这还不够,因为大数据系统的特性——数据会被分布式地冗余存储在不同计算节点。如果一个地方的数据发生变化了(例如,你用某个支付系统消费了 x 元),但当前城市的计算节点发生故障(如某个城市的光纤被挖断,从而导致当地承载支付系统的服务器无法访问),其他位置的服务器该如何同步这个支付信息? 如果协调不好的话,数据就可能出现混乱到难以使用的地步。于是,资源管理就细分了一个专门的部门——分布式协调器。

　　在分布式计算模式下,有一个基本问题有待解决,即在一个不可靠的通信环境下,一组进程如何就某个运算操作结果达成一致。这里不可靠的环境,既可能是源于进程本身的崩溃重启,又可能源于进程间通信发生的异常,包括通信消息的丢失、重发或延迟等。

　　协调器存在的主要目的在于,协调多进程间的服务并进行状态管理,从而使得在分布式环境下,计算可以无误进行。然而,众所周知,众口难调。分布式协调服务开发困难很大,分布式系统中的多进程通信,如果处理不当,很容易发生条件竞争和死锁。

　　有关协调器的研究成果主要有三个,它们分别是 Paxos、Chubby 和 Zookeeper,其中 Paxos 是协调器的理论基础,而后两者是 Paxos 的两种具体实现。

　　Paxos 算法是莱斯利·兰伯特(Leslie Lamport)于 1990 年提出的一种基于消息传递的达成共识(Consensus)模型。随着分布式系统的不断发展壮大,Paxos 算法开始大显神威,得到广泛应用。例如,Google 旗下的 MegaStore(使用 Paxos 进行跨数据中心副本同步,支持多点发起更新操作)和 Chubby(基于 Paxos 算法构建的一个分布式锁服务)及 Apache 麾下的 Zookeeper(可视为 Chubby 的开源版本),都是用 Paxos 作为其理论基础实现的。就这样,Paxos 终于登上大雅之堂,它也为兰伯特在 2013 年获得图灵奖,立下了汗马功劳。

在提升系统的可靠性方面,谷歌公司提出了中心化的组件 Chubby①——粗粒度锁服务,通过锁原语为其他系统实现更高级的服务,例如组成员、域名服务和 Leader 选举等[13]。Chubby 的理论基础,就是前文提到的 Paxos 算法。Chubby 的主要设计者 Burrows,曾这么高度评价 Paxos:这世界上只有一种一致性协议,那就是 Paxos,其他的方法都是 Paxos 残缺实现版②。

作为一个商业公司,谷歌为了维护自己的核心竞争优势,在开发完毕 Chubby 系统后,其具体的实现代码并没有开源,人们只能通过其公开发表的论文和其他相关文档中了解具体的细节。

值得庆幸的是,雅虎公司借鉴 Chubby 的设计思想,主导开发了 Zookeeper,并将其开源。这个绰号为"动物园管理员"的分布式协调系统——Zookeeper,其设计的目的,就是减轻分布式应用开发的困难,使用户不必从零开始构建协调服务[14]。

6.3.5 计算框架层

前面提到了文件系统、数据存储、资源管理及协调器,这些部分的配套,就好比人的底层系统——五脏六腑与神经系统,它们缺一不可。但正如让一个人真正干活并"出活"的,还是肌肉系统。大数据系统的"肌肉"系统,就是计算框架。我们知道,数据本身没有价值,只有通过计算,才能挖掘出价值。

计算框架可以理解为是一种通用目的(General-Purpose)的计算平台。它通过协调计算资源,可以让数据中心或集群工作起来如同一台计算机一样。也就是说,用户对物理上分散在多处的多态计算机,是无感的。

在计算框架层里,可谓是包罗万象。大体上,根据计算平台采用的模型及对延迟的处理方式不同,可将大数据处理框架大致分为批量计算(Batch Computing)、流式计算(Stream Computing)、交互计算(Interactive Computing)、图计算(Graph Computing)等。

目前,大数据批量计算的相关技术比较成熟,在理论上和实践中均取得了显著成果。形成了以 Google 的 MapReduce 编程模型[15]、开源的 Hadoop 计算系统为代表的高效、稳定的批量计算系统。图 6-16 简要描述了 Hadoop 如何使用 MapReduce 批处理数据。

在一定程度上,在早期 Hadoop 甚至是大数据分析的代名词。然而,Hadoop 在处理

---

① Chubby 在英文中本身的含义就有略显可爱的"肥胖"之义,这里和粗粒度中的"粗",有语义上的一致性蕴涵。

② 对应的英文：There is only one consensus protocol, and that's Paxos - all other approaches are just broken versions of Paxos。

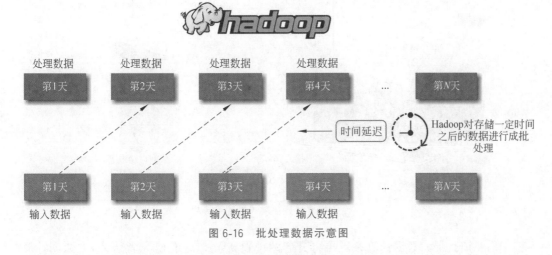

图 6-16　批处理数据示意图

如下两类问题上存在短板：① 不擅长执行更加复杂的、多轮算法（Multi-Pass Algorithms），如在机器学习中各种迭代算法和图形处理算法等；② 难以执行交互式性强的简易查询操作（如大数据之上的小查询）。技术在进步，硬件在发展。目前基于 Hadoop 计算框架的荣光渐退，但留下宝贵的资产如 HDFS（Hadoop 文件系统）、资源管理器 YARN 还在较大范围内使用。

不同于批量式计算，通常流式数据无须先存储于磁盘，而是当流动的数据到来后，在内存中直接进行数据的实时计算。流式计算中，数据往往是最近一个时间窗口内的。因此，数据延迟往往较短，实时性较强，其付出的代价就是数据分析的精度往往较低。

虽然这些数据都是内存的匆匆过客，但这些数据通常并没有被完全抛弃，而是被尽可能地存储起来，成为后期批处理计算的原料。流式计算和批量式计算具有明显的优劣互补特征，在多种应用场合下可以将两者结合起来使用。批处理计算和流式处理计算的对比示意图如图 6-17 所示。

流式数据处理已经在业界得到广泛的应用，目前主流的流式计算框架有 Spark Streaming、Flink 和 Storm 三种，下面分别简要介绍。

Spark 是一个基于内存计算的开源集群计算系统，其设计任务在于，让海量数据分析更加快速。Spark 是由加州大学伯克利分校的 AMP 实验室采用 Scala 语言开发而成。Spark 的内存计算框架，适合各种迭代算法和交互式数据分析，能够提升大数据处理的实时性和准确性，现已逐渐获得很多企业的支持。

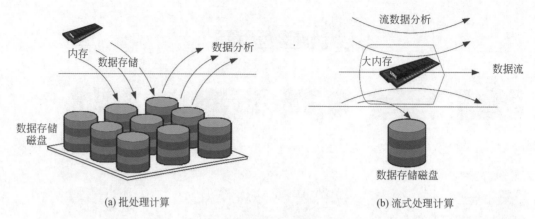

图 6-17　批处理计算和流式处理计算示意图

　　Flink 项目是大数据计算领域冉冉升起的一颗新星[16]。有研究者认为,大数据计算引擎第 4 代就是 Flink。Apache Flink 是一款类似于 Spark 的基于内存的计算框架,主要模块用 Java 实现,但部分模块已经开始逐渐使用更为简易的 Scala 语言开发。目前 Flink 已升级成为 Apache 顶级项目。

　　基于内存的流式计算框架,如 Spark、Flink 等,速度得到大幅提高,但是在一些场景下,还是会显得捉襟见肘。例如,海量、快速、时变(可能是不可预知)的数据流持续到达,必须快速给出响应,普通的流式计算难以胜任,因此就产生了一些基础性的新的研究问题——实时流计算。

　　我们知道,数据的价值随着时间的流逝而降低,即当事件触发后,必须尽快对它们进行处理,最好是事件出现时便立刻响应,发生一个事件进行一次实时处理,而不是缓存起来成一批处理。例如商用搜索引擎,像 Google、Bing 和百度等,通常在用户查询响应中提供结构化的 Web 结果,同时也插入基于流量的点击付费模式的文本广告。一个主搜索引擎可能每秒钟处理成千上万次查询,每个页面都可能会包含多个广告。为了及时处理用户反馈,我们需要一个低延迟、可扩展、高可靠的处理引擎[17]。

　　这时,面向实时处理的计算框架——Storm(见图 6-18)就应运而生。Storm 最早是由 Twitter 工程师们设计出来的,也是 Twitter 的第一款计算框架[18]。相比于 Spark,Storm 更强调计算速度快,它是一个面向实时任务的高容错的分布式实时处理系统。有时,Storm 也被人们称为实时处理领域的 Hadoop,它大大简化了面向庞大规模数据流的处理机制,从而在实时处理领域扮演着重要角色。

图 6-18　Storm 的图标

6.3.6　数据分析层

前面我们把计算框架比拟为人的"肌肉"系统。肌肉发达固然是好,但如果光肌肉发达,不懂得武术的招式,那只能算一个有勇无谋的人,难堪大用。

在大数据系统上也是类似,数据分析也是讲究招式的,这些招式就是数据分析算法。而且除非你的业务非常独特,需要单独设计招式,否则使用成熟且成套的招式即可。这些成熟且成套的招式就是数据分析层中的各种工具或类库。

在数据分析层里,主要提供描述性的、预测性的或统计性的数据分析功能及机器学习模块。其中主要包括数据分析工具(如 Pig、Hive 及 Phoenix 等)和一些数据处理函数库(如 MLib、SparkR 及 Mahout 等)。

这些工具或类库,涵盖范围很广,从诸如 SQL 的声明式编程语言,到数据挖掘和机器学习算法,这些工具和类库通常都是由专业人士完成,普通用户拿来即用,甚是方便。下面简要介绍几款具有代表性的工具和类库。

Hive 的本意是"蜂巢"(见图 6-19),在这里,它是指一个建立于 Hadoop(Logo 为一头黄色大象)之上的 PB 级的数据仓库基础构架。其名称的寓意,也反映出这款产品的价值观,帮助用户从海量的数据中提出"甜美的蜂蜜"——从数据提取价值。

图 6-19　Hive 的图标

Hive 最早是 Facebook 数据基础设施研究小组设计开发的数据仓库框架[19]。如前文所言,Hadoop 是 MapReduce 计算范式的一个开源实现,应用较为广泛。但 MapReduce 编程模型抽象层次低,需要开发者自己手工编写代码来完成,初学者难以上手,且基于 Hadoop 的应用程序也很难维护和重用。此外,Hadoop 只提供两类操作,即 Map 和 Reduce,计算表达能力欠缺。如何缓解这一窘境呢? Hive 就是在这个背景下诞生的。

我们常说,"术业有专攻"。如果我们仅是 Spark 的初级用户,对于很多经典机器学习算法而言,实无必要亲自去编写这些算法。主要原因在于,我们对这些算法的理解和数值计算的稳定性,通常考虑不足,缺乏专业性,这会导致这些机器学习算法的性能和稳定性,难以保证。"他山之石,可以攻玉"。这时采用"拿来主义"就是最为经济的手段。

MLlib 的全称是 Machine Learning Library,顾名思义,它就是一个机器学习库。所不同的是,它是 Spark 计算框架下机器学习算法的库,由常见的学习算法和实用程序组成,包括分类、回归、聚类、协同过滤、降维和底层优化原语。Spark MLLib 与 Spark SQL、Spark 流和数据缓存等其他 Spark 组件无缝集成,并安装在 Databricks 运行时中。

R 语言是一种广泛应用于统计分析、绘图的语言及操作环境,但是 R 能处理的数据量通常较小。过去也有一些 R 和 Hadoop 结合的尝试,但性能一般都不高,用户体验差。

SparkR 是加州大学伯克利分校 AMPLab 发布的一个 R 开发包(R on Spark),为 Apache Spark 提供轻量级的前端。利用 R 进行大数据交互分析,还可以在节点上利用 R 的数据分析库,对于很多熟悉 R 语言的统计学家来说,这无疑是大数据分析的一款利器。

我们知道,数据本身是没有什么价值的,只有通过分析才能挖掘出来价值。而普通用户很难有能力和精力开发分布式的机器学习算法,Mahout 的面世就是来解决这个用户痛点的。

Mahout(见图 6-20)是 Apache 基金会旗下的一个开源项目,是一个基于传统 MapReduce 的分布式机器学习框架。Mahout 中包含诸如聚类、分类、推荐过滤、频繁子项挖掘等机器学习算法的实现。通过使用 Hadoop 计算框架,Mahout 还可以有效地扩展到云中。

图 6-20 Mahout 的图标

Mahout 的中文含义就是"驭象之人",而 Hadoop 的 Logo 正是一头小黄象(见图 6-20)。很明显,这个库设计的目的,就是帮助用户用好 Hadoop 这头难用的大象。

6.3.7 数据集成层

鲁迅先生曾说,"我好像一头牛,吃的是草,挤出来的是奶"。放到计算机的视角来看,这讲的是一种输入和输出的关系。在第 2 章中,我们曾给出一个在计算机领域非常有名的发展,"Garbage In, Garbage Out"(GIGO,垃圾进,垃圾出)。说的就是,如果想让计算机算法给出好的结果,就必须提供好的数据源,否则输入的是垃圾(数据),输出的自然也是垃圾(结果)。在前面的小节中,我们提到了数据分析层,如果在这个层中,数据挖掘和机器学习算法都是优秀的,但数据源不好,那么一切也是枉然。

这提醒我们,必须提高大数据系统的原材料——数据的质量。于是,大数据系统里就少不了专门提高数据质量的部门,它就是数据集成层要干的事情。数据集成(Data Integration)框架提供了良好的机制,用以协助高效地摄取和输出大数据分析系统中的数据。从业务流水线到元数据框架、数据集成层皆有涵盖,从而提供在整个生命周期的全方位的数据管理和治理。

在数据集成层里,主要包括管理数据分析工作流中用到的各种工具。例如,在数据摄取方面的工具有 Flume、Sqoop 和 Kafka 等。在 ETL(抽取、转换和加载)层面,有 Crunch、Falcon、Cascading 和 Oozie 等工具。这些工具主要用于数据的清理,一般来说,ETL 常用在数据仓库,但其对象并不限于数据仓库。

消费者的各种网络行为(例如用户的网页浏览,搜索和鼠标点击等)是刻画社会功能的一个关键因素。这些数据由于吞吐量太高,通常需要通过处理消息和日志聚合器(Log Aggregators)来解决。对于诸如 Hadoop 这样批量的日志数据和离线分析系统,数据处理的实时性存在不足,而 Kafka(见图 6-21)就是一个可行的解决方案。

图 6-21　Kafka 的图标

Kafka 是由 LinkedIn 开发的高吞吐量的分布式发布-订阅消息系统[20]。Kafka 可通过 Hadoop 的并行加载机制来统一线上和离线的消息处理,也可通过集群机来提供实时的消费。由于水平扩展(Scale Out)性强、吞吐率高等特性,Kafka 在众多集成项目中得到广泛应用。

Flume 是 Apache 软件基金会旗下的一个分布式的、高可用的服务框架,可协助从分散式或集中式数据源中进行采集、聚合和传输海量日志。对于面向消费者的互联网公司而言,海量日志处理是数据处理流水线中非常重要的一环。消费者在网站中的所有行为流数据,对优化互联网公司业务都有重要的导向意义。

Flume 与 Kafka 的功能都包含日志处理,但二者的分工稍有不同。通常二者结合来使用,Flume 作为日志收集端,Kafka 作为日志消费端(见图 6-22)。Kafka 接收日志后,将根据大数据系统的需求,将数据送到不同的计算框架。如果是侧重于离线处理,则使用 HDFS 或 NoSQL 数据库存储,然后使用 Hadoop 或 Hive 进行离线分析。如果侧重于实时分析,则使用 Storm、Spark Streaming 或 Flink 等计算框架。

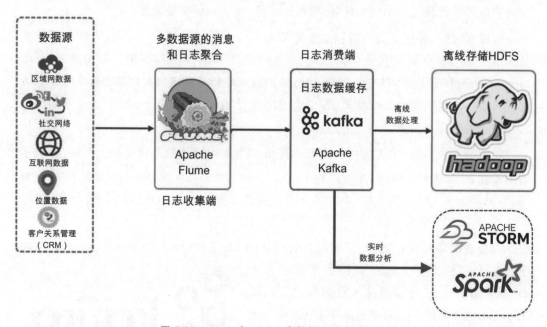

图 6-22　Flume 与 Kafka 大数据系统中的分工

6.3.8　操作框架层

我们的谚语常说,"是骡子是马,拉出来遛遛"。说的是,如果真是有本事,就露两手。但如果我们真出来露两手,是好,还是不好,到底是谁来评定?这就涉及性能评估的问题了。

类似地,大数据系统也需要这么个性能评估系统。在大数据系统处理的最后部分,还需要一个操作性框架,来构建一套衡量标准和测试基准,从而评价各种计算框架的性能优劣。在这个操作性框架中,还需要包括性能优化工具,借助它来平衡工作负载。

在操作框架层里,主要有提供高扩展的性能监测管理器(如 OpenTSDB、Amdari 等)。OpenTSDB 是一个分布式、可伸缩的时间序列数据库,是基于 HBase 存储的时间序列数据来构建而成。更准确地说，它只是一个 HBase 的应用，一个构建于 HBase 之上的实时性能评测系统。

　　OpenTSDB 可以从大规模的集群（包括集群中的网络设备、操作系统、应用程序）中获取相应的运行参数，并进行存储、索引以及服务，从而使得这些数据更容易让人理解，如 Web 化、图形化等（见图 6-23）。

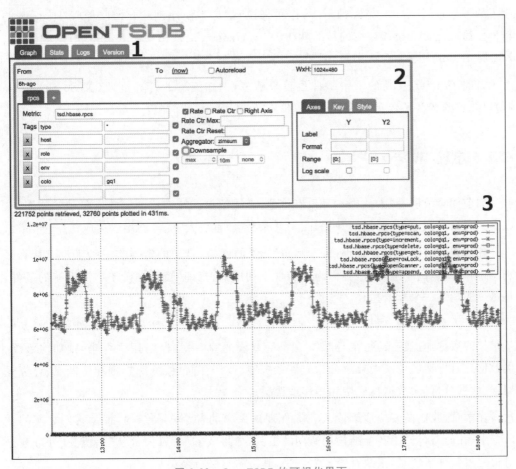

图 6-23　OpenTSDB 的可视化界面

　　对于运维工程师而言，OpenTSDB 还可以获取基础设施和服务的实时状态信息，展示集群的各种软硬件错误，性能变化以及性能瓶颈。对于管理者而言，OpenTSDB 可以衡量系统的服务等级协议（Service-Level Agreement，SLA），理解复杂系统间的相互作用,展示资源消耗情况。

客观来讲,大数据系统的部署还是很有门槛的,如果每个计算节点都手工来配置,就会相当耗时。那能不能自动化这个烦琐的部署过程呢?当然是可以的。这时就需要用到一个高性能的部署系统——Ambari。

Ambari 是一款基于 Web 的系统,与 Hadoop 等开源软件一样,Ambari 也是 Apache 旗下的一个顶级项目。就 Ambari 的作用来说,就是方便地创建、管理、监视 Hadoop 的集群。简言之,Ambari 存在的目的就在于,让 Hadoop 以及相关的大数据软件(如 Hive、HBase、Sqoop 及 Zookeeper 等)部署,变得更容易和高效。

目前,Ambari 支持的平台组件也越来越多,例如流行的计算框架(如 Spark、Storm 等)以及资源调度平台 YARN 等,都可借助 Ambari 来进行部署。

6.4　本章小结

如前面章节所言,大数据本身没有价值,必须把数据转换成洞察才有价值。然而,从数据到洞察的抽取,需要层层数据加工,并非易事,单靠人工,自然难以达成。

荀子说,"君子生非异也,善假于物也"。说的就是,君子的资质与一般人没有什么区别,君子之所以高于一般人,是因为他能善于利用外物(即"器")。善于利用已有的条件,是君子成功的一个重要途径。

对于大数据处理,同样需要我们借助各种"物"和"器"。然而,大数据处理本身是一个很长的数据加工链条,每个环节都有自己专属的"称手兵器",用之得当,则如虎添翼。大数据分析框架的层次大致可分为文件系统层、数据存储层、资源管理和协调层、计算框架层、数据分析层、数据集成层和操作框架层。

在本章,我们全方位地解读大数据处理体系中的各个层次结构,解读它们之间的微妙差别,并简略讨论了各个结构层所用的工具,如果我们能"善假外物",就能在处理自己身边的大数据案例时,张弛有度,"恢恢乎,其于游刃必有余矣!"

需要说明的是,本章主要是宏观介绍了大数据技术的大图。如果想成为大数据分析的高手,一方面还需要读者深入研读这些文献的细节,以提升自己的理论水平;另一方面还要创造机会动手实践,毕竟实践才能出真知!

6.5　思考与练习

6-1　大数据处理的技术栈共有多少层？分别都负责什么功能？

6-2　什么是 CAP 理论？它和 ACID 理论有什么不同？

6-3　MapReduce 计算框架的核心理念是什么？

6-4　面向行的存储和面向列的存储有什么不同？各自的优势和缺点是什么？

6-5　什么是批量模式？什么是流式计算？各自的应用场景是什么？

本章参考文献

［1］　孙大为，张广艳，郑纬民. 大数据流式计算：关键技术及系统实例［J］. 软件学报，2014(7).

［2］　周涛. 为数据而生——数据创新实践［M］. 北京：北京联合出版社，2016.

［3］　STONEBRAKER M. SQL databases vs. NoSQL databases［J］. Communications of the ACM，2010，53(4)：10-11.

［4］　STONEBRAKER M，ABADI D J，BATKIN A，et al. C-store：a column-oriented DBMS［G］// Making Databases Work：the Pragmatic Wisdom of Michael Stonebraker. 2018：491-518.

［5］　BREWER E A. Towards robust distributed systems［C］//PODC. Portland，2000，7(10.1145)：343477-343502.

［6］　GILBERT S，LYNCH N. Brewer's conjecture and the feasibility of consistent，available，partition-tolerant web services［J］. ACM Sigact News，2002，33(2)：51-59.

［7］　GHEMAWAT S，GOBIOFF H，LEUNG S-T. The Google file system［C］//Proceedings of the nineteenth ACM symposium on Operating systems principles. 2003：29-43.

［8］　SHVACHKO K，KUANG H，RADIA S，et al. The hadoop distributed file system［C］//2010 IEEE 26th symposium on mass storage systems and technologies (MSST). Ieee，2010：1-10.

［9］　ZAHARIA M，CHOWDHURY M，FRANKLIN M J，et al. Spark：Cluster computing with working sets［J］. HotCloud，2010，10：1-7.

［10］　ZAHARIA M，CHOWDHURY M，DAS T，et al. Resilient distributed datasets：A fault-tolerant abstraction for in-memory cluster computing［C］//Presented as part of the 9th USENIX $ Symposium on Networked Systems Design and Implementation (NSDI $ 12). 2012：15-28.

［11］　CHANG F，DEAN J，GHEMAWAT S，et al. Bigtable：A distributed storage system for structured data[J]. ACM Transactions on Computer Systems（TOCS），2008，26(2)：1-26.

［12］ VAVILAPALLI V K，MURTHY A C，DOUGLAS C，et al. Apache hadoop yarn：Yet another resource negotiator[C]//Proceedings of the 4th annual Symposium on Cloud Computing. 2013：1-16.

［13］ BURROWS M. The Chubby lock service for loosely-coupled distributed systems［C］//Proceedings of the 7th symposium on Operating systems design and implementation. 2006：335-350.

［14］ HUNT P，KONAR M，JUNQUEIRA F P，et al. Zookeeper：Wait-free Coordination for Internet-scale Systems.[C]//USENIX annual technical conference. 2010，8(9).

［15］ DEAN J，GHEMAWAT S. MapReduce：simplified data processing on large clusters［J］. Communications of the ACM，2008，51(1)：107-113.

［16］ CARBONE P，KATSIFODIMOS A，EWEN S，et al. Apache flink：Stream and batch processing in a single engine［J］. Bulletin of the IEEE Computer Society Technical Committee on Data Engineering，IEEE Computer Society，2015，36(4).

［17］ 马延辉，陈书美，雷葆华. Storm 企业级应用：实战、运维和调优［M］. 北京：机械工业出版社，2015.

［18］ TOSHNIWAL A，TANEJA S，SHUKLA A，et al. Storm@ twitter[C]//Proceedings of the 2014 ACM SIGMOD international conference on Management of data. 2014：147-156.

［19］ THUSOO A，SARMA J S，JAIN N，et al. Hive-a petabyte scale data warehouse using hadoop［C］//2010 IEEE 26th international conference on data engineering（ICDE 2010）. IEEE，2010：996-1005.

［20］ KREPS J，NARKHEDE N，RAO J. Kafka：A distributed messaging system for log processing［C］//Proceedings of the NetDB. 2011，11：1-7.